数控车加工技术

主　编　范建锋
副主编　楼文刚　施尚军　潘常春

ZHEJIANG UNIVERSITY PRESS
浙江大学出版社

图书在版编目(CIP)数据

数控车加工技术 / 范建锋主编. —杭州：
浙江大学出版社，2015.6（2019.2 重印）
ISBN 978-7-308-14686-9

Ⅰ. ①数… Ⅱ. ①范… Ⅲ. ①数控机床—车床—加工
工艺—中等专业学校—教材 Ⅳ. ①TG519.1

中国版本图书馆 CIP 数据核字（2015）第 097295 号

内容简介

本书按照数控车床的操作编程人员必须具备的知识结构进行组织，全书共分 7 章，主要内容包括数控车削加工基础、数控车床、数控车床操作、数控车削加工工艺、数控车削加工的编程、利用 CAXA 进行数控车程序的自动编制、数控车加工编程实例，全书突出以应用为主线，详略结合，内容完整。

本教材可作为中职学校、技工院校数控加工专业或相近专业的教材，也可供有关工程技术人员参考。

数控车加工技术

主　编　范建锋
副主编　楼文刚　施尚军　潘常春

责任编辑　杜希武
封面设计　刘依群
出版发行　浙江大学出版社
（杭州市天目山路 148 号　邮政编码 310007）
（网址：http://www.zjupress.com）
排　　版　杭州好友排版工作室
印　　刷　虎彩印艺股份有限公司
开　　本　787mm×1092mm　1/16
印　　张　10.25
字　　数　255 千
版 印 次　2015 年 6 月第 1 版　2019 年 2 月第 2 次印刷
书　　号　ISBN 978-7-308-14686-9
定　　价　39.00 元

版权所有　翻印必究　印装差错　负责调换
浙江大学出版社市场运营中心联系方式：（0571）88925591；http://zjdxcbs.tmall.com

前　言

随着数控加工技术的迅速发展，新工艺、新技术在机械制造领域得到了普遍应用，并且越来越普及，其高精度、高适应性、高柔性加工、高效率等方面的优越性已经显露出来，并且有替代传统机械制造加工的趋势。数控加工、数控编程等课程已经成为中职学校和技工院院校必开设的课程。

数控车床是在普通车床的基础上发展起来的，但不同的是数控车床的加工过程是按预先编制好的程序，在计算机的控制下自动执行的。数控车床的操作与编程是一项实践性很强的技术，数控车床的操作技工通常要既懂得机床的操作，同时又能进行程序编制，还要能利用现代信息化的自动编程软件进行复杂工件的程序编制。

为了解决中职学校和技工院校“数控车加工技术”课程教学的需要，我们按教学大纲要求，结合多年教学实践经验，并参考一些其它院校的经验，编写了本书。本书以数控车削工艺、编程与机床操作为核心内容，以数控车削加工的应知、应会内容为主线，按照数控车床的操作编程人员必须具备的知识结构安排本书内容。全书尽量删繁就简、详略结合，既照顾到内容的完整性，又不使篇幅过大；既使学生受到全面的基本训练，又避免了不必要的重复。本书主要包括以下 7 部分内容：

第 1 章，数控车削加工基础；

第 2 章，数控车床；

第 3 章，数控车床操作；

第 4 章，数控车削加工工艺；

第 5 章，数控车削加工的编程；

第 6 章，利用 CAXA 进行数控车程序的自动编制；

第 7 章，数控车加工编程实例。

书中安排有大量实例，且多数来自生产实际和教学实践，内容通俗易懂，方便教学。适用于中职学校、技工院校数控加工专业或相近专业的师生使用，也可供有关工程技术人员参考。

本书由范建锋、楼文刚、施尚军、潘常春、叶赟、吴璀来、任常富、王关根等编写，其中范建锋为本书主编，楼文刚，施尚军，潘常春为副主编。限于编写时间和编者的水平，书中必然会存在需要进一步改进和提高的地方。我们十分期望读者及专业人士提出宝贵意见与建议，以便今后不断加以完善。我们的联系方式：605426667@qq.com。

我们谨向所有为本书提供大力支持的有关学校、企业和领导，以及在组织、撰写、研讨、修改、审定、打印、校对等工作中做出贡献的同志表示由衷的感谢。最后，感谢浙江大学出版社为本书的出版所提供的机遇和帮助。

作　者

2015 年 1 月

目　　录

第 1 章　数控车削加工基础

1.1　数控车床加工概述

现代数控机床是综合应用计算机、自动控制、自动检测以及精密机械等高新技术的产物，是典型的机电一体化产品，是完全新型的自动化机床。

随着科学技术的不断发展，机械产品的性能、结构及形状的不断改进，对零件加工质量和精度的要求越来越高。由于产品变化频繁，目前在一般机械加工中，单件、小批量的产品约占七成以上。为有效地保证产品质量，提高劳动生产率和降低成本，要求机床不仅具有较好的通用性和灵活性，而且要求加工过程实现自动化。在大量的通用机械、汽车、拖拉机等工业生产部门中大都采用自动机床、组合机床和自动生产线，但这种设备的一次投资费用大，生产准备时间长，不适于频繁改型和多种产品的生产，同时也与精度要求高、零件形状复杂的宇航、船舶等其他国防工业的要求不相适应。如果采用仿形机床，首先需要制造靠模，不仅生产周期长，精度也将受到影响。数控机床就是在这种情况下发展起来的一种自动化机床，它适用于高精度，零件形状复杂的单件、小批量的生产。

数控机床的出现以及它所带来的巨大效益，引起世界各国科技界和工业界的普遍重视。几十年来，数控机床在品种、数量、加工范围和加工精度等方面有了惊人的发展，随着电子元件的发展，数控装置经历了使用电子管、分立元件、集成电路的过程。特别是使用了小型计算机和微处理机以来，数控机床的性能价格比日趋合理，可靠性日益提高。工业发达的国家中，数控机床在工业、国防等领域的应用已相当普遍，已由开始阶段的解决单件、小批量复杂形状的零件加工，发展到为减轻劳动强度、提高劳动生产率、保证质量、降低成本等，在中小批量生产甚至大批量生产中得到应用。现在认为，即使是对批量在 500～5000 件之间的不复杂的零件用数控机床加工也是经济的。随着经济发展和科学的进步，我国在数控机床方面的开发、研制、生产等将得到迅速发展。发展数控机床是当前机械制造业技术改造的必由之路，是未来工厂自动化的基础。

数控车床是车削加工功能较全的数控机床。它可以把车削、铣削、螺纹加工、钻削等功能集中在一台设备上，使其具有多种工艺手段。数控车床没有旋转刀架或旋转刀盘，在加工过程中由程序自动选用刀具和更换刀位。采用数控车床进行加工可以大大提高产品质量，保证加工零件的精度，减轻劳动强度，为新产品的研制和改型换代节省大量的时间和费用，提高企业产品的竞争能力。

数控加工与普通机械加工有很大的不同。在数控机床加工前，我们要把原先在通用机床上加工时需要操作工人考虑和决定的操作内容及动作，例如：工步的划分与顺序、走刀路线、位移量和切削参数等，按规定的数码形式编成程序，记录在数控系统存储器或磁盘上，它们是实现人与机器联系起来的媒介物。

加工时，控制介质上的数码信息输入数控机床的控制系统后，控制系统对输入信息进行运算与控制，并不断地向直接指挥机床运动的机电功能转换部件——机床的伺服机构发送脉冲信号，伺服机构对脉冲信号进行转换与放大处理，然后由传动机构驱动机床按所编程序进行运动，就可以自动加工出我们所要求的零件形状。

不难看出，实现数控加工的关键在编程。但光有编程还不行，数控加工还包括编程前必须要做的一系列准备工作及编程后的善后处理工作。

1.2　数控车削加工的原理

数控机床是用数字信息进行控制的机床，即把加工信息代码化，将刀具移动轨迹信息记录在程序介质上，然后输入数控系统并经过译码和运算，控制机床刀具与工件的相对运动，控制加工所要求的各种状态，加工出所需工件的一类机床即为数控机床。

数控车床是数控金属切削机床中最常用的一种机床，某主运动和进给运动是由不同的电机进行驱动的，而且这些电机都可以在机床的控制系统控制下实现无级调速。数控机床结构原理如图 1-1。普通车床的传动是由一台电机驱动的，它只能在一次调整完毕后，以固

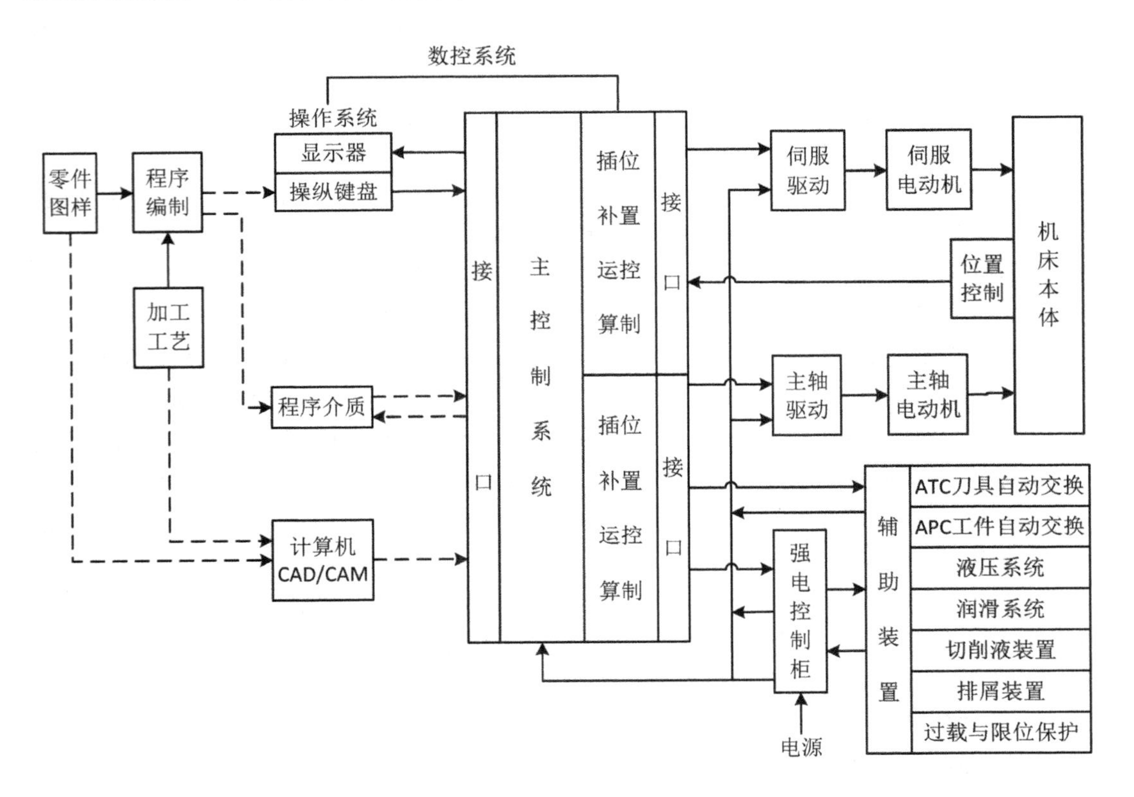

图 1-1　数控机床基本结构原理

定的速度和方向进行加工，而数控机床则是由多台电机驱动，可以随时由数控系统对各台电机进行控制，改变加工的速度和方向，因而可以加工出各种复杂的零件。

1.3 数控车削的加工特点

1. 适应能力强，适于多品种小批量零件的加工

在传统的自动或半自动车床上加工一个新零件，一般需要调整机床或机床附件，以使机床适应加工零件的要求；而使用数控车床加工不同形状的零件时只要重新编制或修改加工程序(软件)就可以迅速达到加工要求，大大缩短了更换机床硬件的技术准备时间，因此适用于多品种、单件或小批量加工。

2. 加工精度高，加工质量稳定

由于数控机床集机、电等高新技术为一体，加工精度普遍高于普通机床。数控机床的加工过程是由计算机根据预先输入的程序进行控制的，这就避免了因操作者技术水平的差异而引起的产品质量的不同。对于一些具有复杂形状的工件，普通机床几乎不可能完成，而数控机床只是编制较复杂的程序就可以达到目的，必要时还可以用计算机辅助编程或计算机辅助加工。另外数控机床的加工过程不受体力、情绪变化的影响。

3. 减轻劳动强度，改善劳动条件

数控机床的加工，除了装卸零件、操作键盘、观察机床运行外，其他的机床动作都是按加工程序要求自动连续地进行切削加工，操作者不需进行繁重的重复手工操作。所以普通机床需要人工全过程进行手工操作，包括工件的装夹、切削进给等，而数控车床加工时，编制好程序后，只需装夹工件，大大降低了劳动强度。

4. 具有较高的生产率和较低的加工成本

机床生产率主要是指加工一个零件所需要的时间，其中包括机动时间和辅助时间。数控车床的主轴转速和进给速度变化范围很大，并可无级调速，加工时可选用最佳的切削速度和进给速度，可实现恒转速和恒切速，以使切削参数最优化，这就大大地提高了生产率，降低了加工成本，尤其对大批量生产的零件，批量越大，加工成本越低。

(1)批量生产。对于批量生产，特别是大批量生产，在保证加工质量的前提下要突出加工效率和加工过程的稳定性，其加工工艺与单件小批量不同。例如夹具选择、走刀路线安排、刀具排列位置和使用顺序等都要仔细斟酌，有关内容在相关章节中具体介绍。

(2)单件生产。与批量生产相对的是单件生产。单件生产的最大特点是要保证一次合格率，特别是具有复杂形状和高精度要求的工件。在单件生产中与成功率相比，效率退居其次。

单件生产所使用的数控工艺在走刀路线、刀具安排、换刀点设置等方面不同于批量生产。与批量生产相比，单件生产要避免过长的生产准备时间。

1.4 数控车削的主要应用

1.4.1 数控车削加工零件的类型

数控车削是数控加工中用得最多的加工方法之一。由于数控车床具有加工精度高、能作直线和圆弧插补以及在加工过程中能自动变速的特点，因此其工艺范围较普通机床宽得多，凡是能在普通床上装夹的回转体零件都能在数控车床上加工。

回转体零件分为轴套类、轮盘类和其他类几种。轴套类和轮盘类零件的区分在于长径比，一般将长径比大于1的零件视为轴套类零件，长径比小于1的零件视为轮盘类零件。

1. 轴套类零件

轴套类零件的长度大于直径，轴套类零件的加工表面大多是内、外圆周面。圆周面轮廓可以是与Z轴平行的直线，切削形成台阶轴，轴上可有螺纹和退刀槽等，也可以是斜线，切削形成锥面或锥螺纹，还可以是圆弧或曲线(用参数方程编程)，切削形成曲面。

2. 轮盘类零件

轮盘类零件的直径大于长度，轮盘类零件的加工表面多是端面，端面的轮廓也可以是直线、斜线、圆弧、曲线或端面螺纹、锥面螺纹等。

3. 其他类零件

数控车床与普通车床一样，装上特殊卡盘或者夹具就可以加工偏心轴或在箱体、板材上加工孔或圆柱体。

1.4.2 最适于用数控车加工的零件

针对数控车床的特点，下列几种零件最适合数控车削加工。

1. 精度要求高的回转体零件

由于数控车床刚性好，制造和对刀精度高，能方便和精确地进行人工补偿和自动补偿，所以能加工尺寸精度要求较高的零件，在有些场合甚至可以以车代磨。此外，数控车削的刀具运动是通过高精度插补运算和伺服驱动来实现的，再加上机床的刚性好和制造精度高，所以它能加工对母线直线度、圆度、圆柱度等形状精度要求高的零件。对于圆弧以及其他曲线轮廓，加工出的形状与图纸上所要求的几何形状的接近程度比用仿形车床要高得多。数控车削对提高位置精度还特别有效，不少位置精度要求高的零件用普通车床车削时，因机床制造精度低，工件装夹次数多而达不到要求，只能在车削后用磨削或其他方法弥补，例如，图1-2所示的轴承内圈，原采用三台液压半自动车床和一台液压仿形车床加工，需多次装夹，因而造成较大的壁厚差，达不到图纸要求，后改用数控车床加工，一次装夹即可完成滚道和内孔的车削，壁厚差大为减小，且加工质量稳定。

2. 表面粗糙度要求高的回转体零件

数控车床具有恒线速切削功能，能加工出表面粗糙度值小而均匀的零件。在材质、精车余量和刀具已定的情况下，表面粗糙度取决于进给量和切削速度。在普通车床上车削锥面和端面时，由于转速恒定不变，致使车削后的表面粗糙度不一致，只有某一直径处的粗糙度值最小。使用数控车床的恒线速切削功能，就可选用最佳线速度来切削锥面和端面，使车削

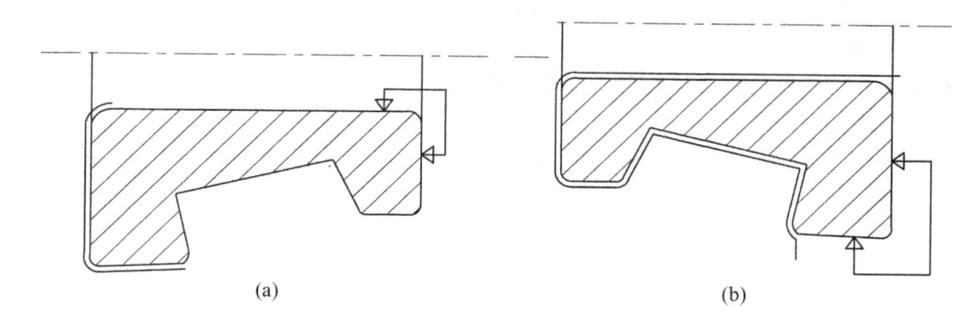

图 1-2 轴承内圈

后的表面粗糙度值既小又一致。数控车削还适合于车削各部位表面粗糙度要求不同的零件。粗糙度值要求大的部位选用大的进给量，要求小的部位选用小的进给量。

3. 表面形状复杂的回转体零件

由于数控车床具有直线和圆弧插补功能，所以可以车削由任意直线和曲线组成的形状复杂的回转体零件。如图 1-3 所示的壳体零件封闭内腔的成型面，在普通车床上是无法加工的，而在数控车床上则很容易加工出来。

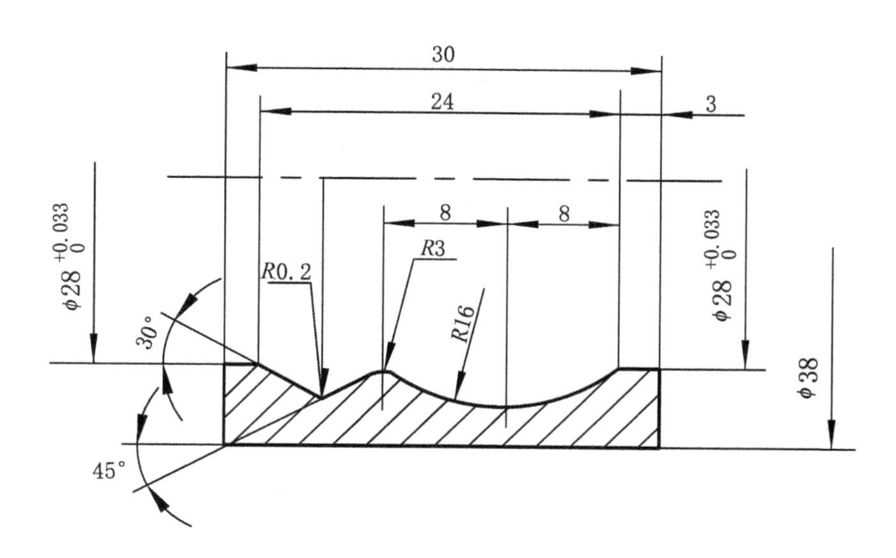

图 1-3 壳体零件封闭内腔

组成零件轮廓的曲线可以是数学方程式描述的曲线，直接加工也可以是列表曲线。对于由直线或圆弧组成的轮廓，直接利用机床的直线或圆弧插补功能，对于由非圆曲线组成的轮廓应先用直线或圆弧去逼近，然后再用直线或圆弧插补功能进行插补切削。

4. 带特殊螺纹的回转体零件

普通车床所能车削的螺纹相当有限，它只能车削等导程的直、锥面公、英制螺纹，而且一台车床只能限定加工若干种导程。数控车床不但能车削任何等导程的直、锥和端面螺纹，而且能车增、减导程螺纹，以及要求等导程与变导程之间平滑过渡的螺纹。数控车床车削螺纹时主轴转向不必像普通车床那样交替变换，它可以一刀一刀不停顿地循环，直到完成，所以螺纹加工效率很高。数控车床配备精密螺纹切削功能，加上一般采用硬质合金成型刀片，以及较高的转速，车削出来的螺纹精度高、表面粗糙度小。

第2章　数控车床

2.1　数控车床的分类

由于数控技术发展很快，根据使用要求的不同而出现了各种不同配置和技术等级的数控车床。这些数控车床在配置、结构和使用上都有其各自的特点。可以按照数控系统的技术水平或机床的机械结构对数控车床进行分类。

(1)标准型数控车床：标准型数控车床就是通常所说的“数控车床”，它的控制系统是标准型的，带有高分辨率的CRT、各种显示、图形仿真、刀具和位置补偿等功能，并且带有通信或网络接口。其采用闭环或半闭环控制的伺服系统，可以进行多个坐标轴的控制，具有高刚度、高精度和高效率等特点，为最常用的数控车床。如图2-1所示为某标准型数控车床的外形。

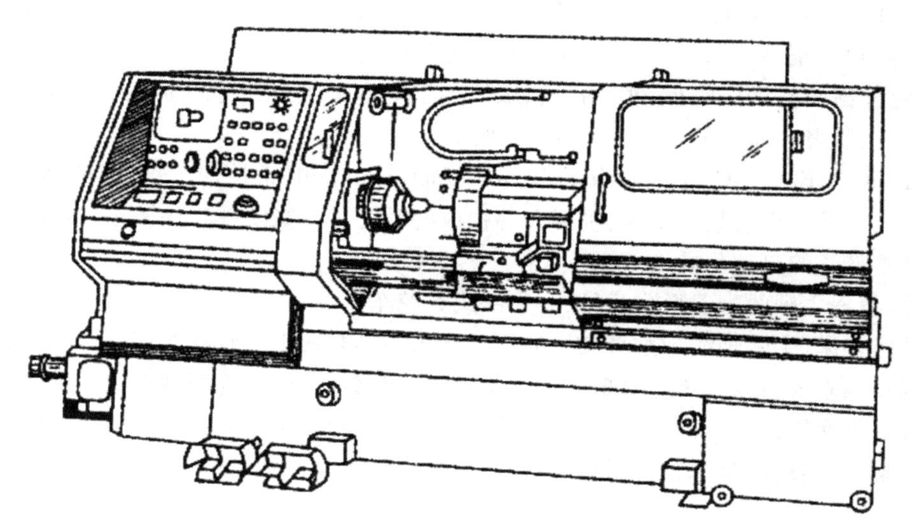

图2-1 标准型数控车床

(2)经济型数控车床：经济型数控车床或者称简易型数控车床。一般是以普通车床的机械结构为基础，经过改进设计而得的，也有一小部分是对普通车床进行改造而得的。它的特点是一般采用由步进电机驱动的开环伺服系统，其控制部分采用单板机或单片机实现，也有一些采用较为简单的成品数控系统的经济型数控车床。此类车床的特点是结构简单、价格低廉，但缺少一些诸如刀尖圆弧半径自动补偿和恒表面线速度切削等功能。一般只能进行两个平动坐标（刀架的移动）的控制和联动。同时，由于其仅是使用普通车床的结构或者是通过普通机床改造而成，在机床的精度等方面也有所欠缺。这种车床在中小型企业中应用广泛，多用于一些精度要求不是很高的大批量或中等批量零件生产的车削加工，如图 2-2所示为某经济型数控车床的外形。

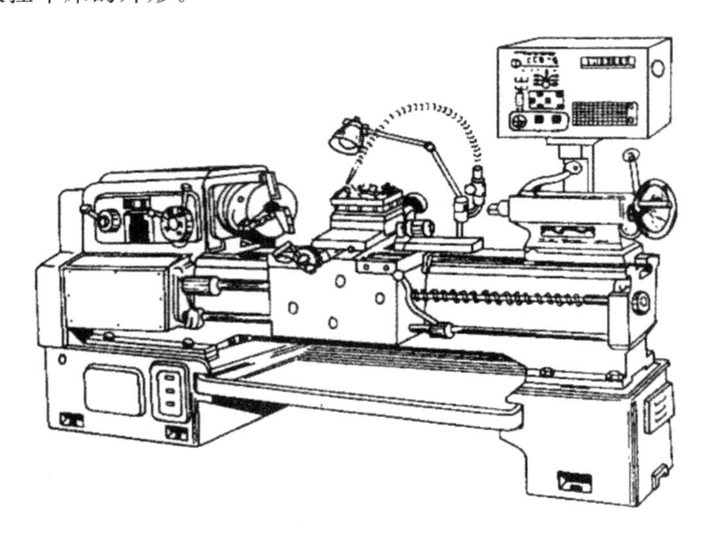

图 2-2　经济型数控车床

(3)车削中心：车削中心是以标准型数控车床为主体，配备刀库、自动换刀器、分度装置、铣削动力头和机械手等部件，实现多工序复合加工的机床。在车削中心上，工件在一次装夹后，可以完成回转类零件的车、铣、钻、铰、螺纹加工等多种加工工序的加工。车削中心的功能全面，加工质量和速度都很高，但价格也较高。

(4)FMC 车床：FMC 是英文 flexible manufacturing cell（柔性加工单元）的缩写。FMC 车床实际上就是一个由数控车床、机器人等构成的系统。它能实现工件搬运、装卸的自动化和加工调整准备的自动化操作。

另外，根据主轴的配置形式，可以分为卧式数控车床（主轴轴线为水平位置的数控车床）和立式数控车床（主轴轴线为垂直位置的数控车床），具有两根主轴的车床，称为双轴卧式数控车床或双轴立式数控车床。根据数控系统控制的轴数，可以分为两轴控制的数控车床（机床上只有一个回转刀架，可实现两坐标轴控制）和四轴控制的数控车床（机床上有两个独立的回转刀架，可实现四坐标轴控制）。

2.2　数控车床的组成

数控车床大致由五个部分组成，如图 2-3 所示。

(1)车床主机：指的是数控车床的机械部件，主要包括床身、主轴箱、刀架、尾座、进给传动机构等。

(2)数控系统：数控系统（有时称为控制系统）是数控车床的控制核心，其主要部分是一

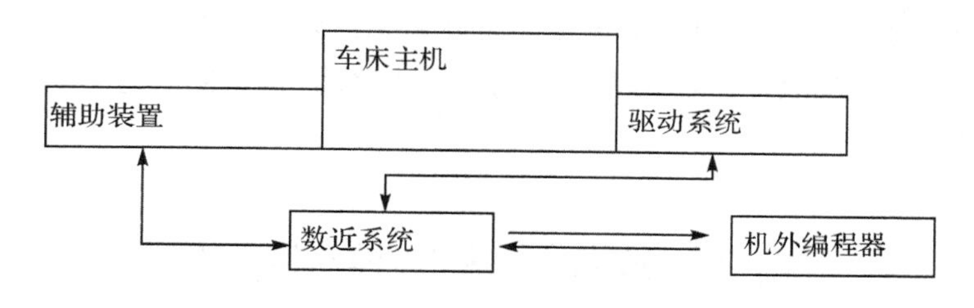

图 2-3　数控车床的组成

台计算机，这台计算机与我们通常使用的计算机从构成上讲基本是相同的，其中包括 CPU（中央处理器）、存储器、CRT（显示器）等部分，但从其硬件的结构和控制软件上讲，它与一般的计算机又有较大的区别。数控系统中用的计算机一般是专用计算机，也有一些是工业控制用计算机（工控机）。

（3）驱动系统：驱动系统是数控车床切削工作的动力部分，主要实现主运动和进给运动。在数控车床中，驱动系统为伺服系统，由伺服驱动电机和驱动装置两大部分组成。

伺服驱动电路的作用是接收指令，经过软件的处理，推动驱动装置运动。驱动装置主要由主轴电机、进给系统的步进电机，交、直流伺服电机等组成。

（4）辅助装置：与普通车床相类似，辅助装置是指数控车床中一些为加工服务的配套部分，如液压、气动装置，冷却、照明、润滑、防护和排屑装置等。

（5）机外编程器：由于数控车床经常用于加工一些复杂的零件，比如加工具有复杂母线的回转体零件等，所以可能有一些加工程序会比较复杂。如果在车床上编制这些加工程序，一方面要占用大量的机时，另一方面在程序的编制过程中容易发生错误，于是机外编程器就应运而生了。机外编程器是在普通的计算机上安装一套编程软件，使用这套编程软件以及相应的后置处理软件，就可以生成加工程序。通过车床控制系统上的通信接口或其他存储介质（如软盘、光盘等），把生成的加工程序输入到车床的控制系统中，完成零件的加工。

从总体上看，数控车床与普通车床的机械结构相似，即由床身、主轴箱、进给传动系统、刀架以及液压、冷却、润滑系统等辅助部分组成，其主要的机械部分也与普通车床基本一致。但由于数控车床的特点与普通车床不同，其某些机械结构也有一定的改变，只是基本形式是相同的。两者的不同主要针对加工过程的控制，简单来讲，普通车床是由操作人员直接控制，车床的每一个动作都依赖于操作人员，而数控车床则是由操作人员操作数控系统，再由控制系统来驱动机床的运动。

数控车床由于采用了计算机数控系统，其进给系统与普通车床相比发生了根本性的变化。普通车床的运动是由电机经过主轴箱变速，传动至主轴，实现主轴的转动，同时经过交换齿轮架、进给箱、光杠或丝杆、溜板箱传到刀架，实现刀架的纵向进给移动和横向进给移动。主轴转动与刀架移动的同步关系依靠齿轮传动链来保证。而数控车床则与之完全不同，数控车床的主运动（主轴回转）由主轴电机驱动，主轴采用变频无级调速的方式进行变速。驱动系统采用伺服电机（对于双功率的车床，采用步进电机）驱动，经过滚珠丝杠传送到机床滑板和刀架，以连续控制的方式，实现刀具的纵向（Z 向）进给运动和横向（X 向）进给运动。这样，数控车床的机械传动结构大为简化，精度和自动化程度大大提高。数控车床主运动和进给运动的同步信号来自于安装在主轴上的脉冲编码器。当主轴旋转时，脉冲编码器便向数控系统发出检测脉冲信号。数控系统对脉冲编码器的检测信号进行处理后传给伺服系统中的伺服控制器,伺服控制器再去驱动伺服电机移动,从而使主运动与刀架的切削进给保持同步。

2.3 数控车床的控制系统

数控车床的数控系统(Computerized Numerical Control System,简称 CNC 系统)是数控机床的核心。

2.3.1 数控系统的组成

CNC 系统由输入/输出设备、数控系统、伺服单元、驱动装置(或执行机构)、可编程逻辑控制器(PLC)及电气控制装置(即强电装置)和检测反馈装置等组成。CNC 系统可以分为硬件装置和数控软件两大部分。

1. 输入/输出设备

数控机床必须由操作人员输入零件的加工程序,才能按照加工程序加工出所需要的零件。在向数控系统输入命令后的加工过程中,数控系统要显示必要的信息,如切削方向、坐标值、报警信号等。此外,输入的加工程序可能不完全正确,时常需要进行编辑、修改和调试。上述操作人员与机床数控系统的信息交互过程,要通过数控系统中的输入/输出设备(即交互设备)来完成。

键盘和显示器是数控系统不可缺少的人机交互设备。操作人员可通过键盘及显示器输入程序、编辑修改程序和发送操作命令。手动数据输入(MDI,Manual Data Input)是最重要的输入方式之一。键盘是 MDI 中最主要的输入设备。显示器为操作人员提供程序编辑或机床加工信息的显示。现代数控机床都配有 CRT 显示器或点阵式液晶显示器,能显示字符、加工轨迹和图形等丰富的信息。

编制好的数控加工程序也可以存放到磁带、磁盘或光盘上(也可存储在穿孔纸带上),分别由纸带阅读机、磁带机、磁盘驱动器或光盘驱动器等输入设备输入到数控系统内。

数控机床的程序输入方法,除上述的键盘输入以外,通常可以用串行通信方式输入。随着 CAD/CAM 和 CIMS 技术的发展,机床数控系统的计算机通信功能显得越来越重要。特别是对单件生产,程序的传输较为频繁,采用串行方式是最快捷方便的手段。

2. 数控系统

数控系统中主要包括中央处理器 CPU、存储器、局部总线、外围逻辑电路和与其他部分联系的接口等部分,以及相应的控制软件。数控系统的作用就是根据输入的数据段,插补运算出理想的运动轨迹,输出到执行部件(伺服单元、驱动装置等),加工出所需要的零件。CNC 系统的监控软件可以使系统具有各种不同的控制功能。不同的监控程序可以使系统应用到不同种类的机床上。

3. 伺服单元

伺服单元可以接收来自数控系统的进给指令,经变换和放大后通过驱动装置转换成车床工作台或刀架的直线运动,或者回转工作台的转动。伺服单元是数控系统和车床本体的联系环节,它能将来自数控装置的微弱指令信号,放大成控制驱动装置的大功率信号。按照

接收指令的形式不同，伺服单元可分为数字式伺服单元和模拟式伺服单元。按照驱动电机不同，又可分为直流伺服单元和交流伺服单元。

4. 驱动装置

驱动装置的作用是将放大后的指令信号转变成机械运动，利用机械传动件驱动工作台移动，使工作台按规定轨迹进行严格的相对运动或精确定位，保证能够加工出符合图样要求的零件。对应于伺服单元的驱动装置，有步进电机、直流伺服电机和交流电机等不同种类。

伺服单元和驱动装置合称为伺服驱动系统，数控系统的指令需要通过伺服驱动系统付诸实施。所以，伺服驱动系统是数控车床的重要组成部分。从某种意义上讲，数控车床功能的高低主要取决于数控系统，而数控车床性能的好坏主要取决于伺服驱动系统。

5. 可编程控制器 PC(Programmable Controller)

这是一种专门应用于工业环境，以微处理器为基础的通用型自动控制装置。这种装置的主要作用是解决工业设备的逻辑关系与开关量控制，故也称为可编程逻辑控制器 PLC(Programmable Logic Controller)。当 PLC 用于控制车床的顺序动作时，称为可编程车床控制器 PMC(Programmable Machine Controller)。

数控车床的自动控制由 CNC 和 PLC 共同完成，其中 CNC 负责完成与数字运算和管理有关的功能，如编辑加工程序、插补运算、译码、位置伺服控制等，PLC 负责完成与逻辑运算有关的各种动作。PLC 接受 CNC 控制代码 M(辅助功能)、S(主轴转速)、T(选刀、换刀)等顺序动作信息，对其进行译码后转换成相应的控制信号，驱动辅助装置完成一系列开关动作，如装夹工件、更换刀具和开关切削液等，PLC 还接受来自车床操作面板的指令，直接控制车床动作，并将部分指令送往 CNC 用于加工过程的控制。

某些 PLC 还可以单独使用，用于控制那些没有轨迹要求、只需进行逻辑控制的设备。应用于数控车床的 PLC 分为两类：一类是 CNC 系统的生产厂家为实现数控车床顺序控制，而将 CNC 与 PLC 综合设计在一起，称为内装式(或集成式)PLC。另一类是由专门的生产厂家开发的 PLC 系列产品，即独立式(或外装式)PLC。前者是 CNC 系统的一个组成部分，只可专门用于某种 CNC 系统，而后者的应用范围较广。

6. 检测反馈装置

检测反馈装置也称为反馈元件，通常安装在车床的工作台上或滚珠丝杠上，作用相当于普通车床上的刻度盘或人的眼睛。检测反馈装置可以将工作台的位移量转换成电信号，并且反馈给 CNC 系统。CNC 系统可将反馈值与指令值进行比较，如果两者之间的误差超过某一个预先设定的数值，就会驱动工作台向消除误差的方向移动。在移动的同时，检测反馈装置又向 CNC 系统发出新的反馈信号，CNC 系统再进行信号的比较，直到误差值小于设定值为止。

数控机床的伺服系统，按其检测反馈装置，可分为开环、半闭环和闭环三类。其中，开环最为简单，如图 2-4(a)所示。但如果负荷突变(如切深突增)，或者脉冲频率突变(如加速、减速)，则数控运动部件将可能发生“失步”现象，即丢失一定数目的进给指令脉冲，从而造成进给运动的速度和行程误差。故该类控制方式，仅限于精度不高的经济型中、小数控机床的进给传动。

半闭环和闭环系统都有用于检查位置和速度指令执行结果的检测(含反馈)装置。半闭环的检测装置，安装在伺服电动机或传动丝杠上，如图 2-4(b)所示。闭环则将其装在运动

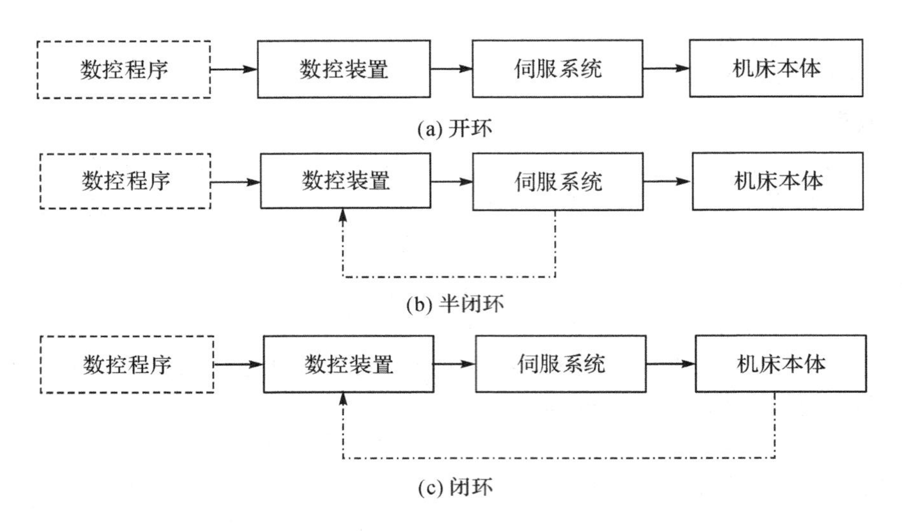

图 2-4 数控机床结构

部件上，如图 2-4(c)所示。由于丝杠螺距误差，以及受载后丝杠、轴承变形等影响，半闭环对检测结果的校正并不完全，控制精度比闭环要低一些。但从自动控制原理上看，控制运动部件是一个质量元件，传动机构因有变形，可视为弹性元件，两者构成一个振荡环节。显然，半闭环不包含这些环节，因而一般不会引起进给振荡。而闭环如果系统参数选取不合适，则有可能产生进给振荡，即运动不稳定。

目前，一般数控机床的进给系统多为半闭环控制，闭环则用于精度要求特别高的机床，如高精度车削加工中心。

2.3.2 数控系统的主要功能

数控系统的硬件有各种不同的组成和配置，再安装不同的监控软件，就可以应用于不同机床或设备的控制。这样数控系统就有不同的功能。以下功能是数控车床系统中通常具备的功能，特定的车床可能有其独有功能，而某些功能可能是部分不具备的。

(1)多坐标控制功能。控制系统可以控制坐标轴的数目指的是数控系统最多可以控制多少个坐标轴，其中包括平动轴和回转轴。基本平动坐标轴是 X、Y、Z 轴；基本回转坐标轴是 A、B、C 轴。联动轴数是指数控系统按照加工的要求可以控制同时运动的坐标轴的数目。如某型号的数控机床具有 X、Y、Z 三个坐标轴运动方向，而数控系统只能同时控制两个坐标(XY、YZ 或 XZ)方向的运动，则该机床的控制轴数为 3 轴(称为三轴控制)，而联动轴数为 2 轴(称为两联动)。

(2)插补功能。指数控机床能够实现的运动轨迹。如直线、圆弧、螺旋线、抛物线、正弦曲线等。数控机床的插补功能越强，说明能够加工的轮廓种类越多。

(3)进给功能。包括快速进给(空行程移动)、切削进给、手动连续进给、点动；进给量调整(倍率开关)、自动加减速功能等性能。进给功能与伺服驱动系统的性能有很大的关系。

(4)主轴功能。可实现恒转速、恒线速度、定向停车及转速调整(倍率开关)等功能。恒线速度指的是主轴可以自动变速，使得刀具对工件切削点的线速度保持不变。主轴定向停车功能主要用于数控机床在换刀、精镗等工序退刀前，对主轴进行准确定位，以便于退刀。

(5)刀具功能。指在数控机床上可以实现刀具的自动选择和自动换刀。

(6)刀具补偿功能。包括刀具位置补偿、半径补偿和长度补偿功能。半径补偿中有车刀的刀尖半径、铣刀半径的补偿;长度补偿中有铣床、加工中心沿加工深度方向对刀具长度变化的补偿等。

(7)机械误差补偿功能。指系统可以自动补偿机械传动部件因间隙产生的误差的功能。

(8)操作功能。数控机床通常有单程序段运行、跳段执行、连续运行、试运行、图形模拟仿真、机械锁住、暂停和急停等功能,有的还有软键操作功能。

(9)程序管理功能。指对加工程序的检索、编制、修改、插入、删除、更名、锁住、在线编辑(即后台编辑,在执行自动加工的同时进行编辑)以及程序的存储通信等。

(10)图形显示功能。在显示器(CRT)上进行二维或三维、单色或彩色的图形显示。图形可进行缩放、旋转,还可以进行刀具轨迹动态显示。

(11)辅助编程功能。如固定循环、镜像、图形缩放、子程序、宏程序、坐标轴旋转、极坐标等功能,可减少手工编程的工作量和难度。

(12)自诊断报警功能。指数控系统对其软件、硬件故障的自我诊断能力。这项功能可以用于监视整个机床和整个加工过程是否正常,并在发生异常时及时报警。

(13)通信与通信协议。现代数控系统中一般都配有RS232C接口或DNC接口,可以与上级计算机进行信号的高速传输。高档数控系统还可与MAP或INTERNET相连,以适应FMS、CIMS的要求。

2.4 数控车床的主要机械结构

从对车床和车削加工的分析结果中可以知道,普通车床与数控车床在机械结构上有很多相同之处,两者都由床身、主轴箱、刀架和进给机构以及液压、润滑、冷却、照明、防护等部分构成,但各自也有各自的特点,正是由于各自的特点,也形成了两者的区别。

2.4.1 床身

床身的结构对机床的布局有很大影响。床身是机床的主要承载部件,是机床的主体。刀架位置和导轨的位置较大地影响了机床和刀具的调整、工件的装卸、机床操作的方便性,以及机床的加工精度,并考虑到排屑性和抗震性,导轨宜采用倾斜式,而以斜床身(斜导轨)/平滑板式为最佳数控卧式车床布局形式。图2-5是数控车床比较典型的床身截面图。

2.4.2 主传动系统和主轴部件

数控车床的主运动要求:

(1)主轴速度在一定范围内连续可调。

(2)主轴具有足够的驱动功率。

(3)主轴部件回转精度高,运转稳定。

(4)主轴部件具有足够高的刚性与抗震性。

经济型数控车床的主传动系统与普通车床基本结构几乎完全相同,即主要采用齿轮变速。为了适应数控车床在加工中自动变速的要求,在传动中一般采用电磁离合器变速,或者

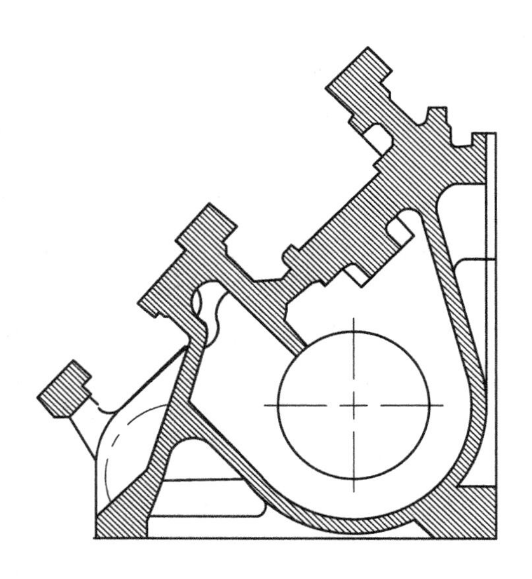

图 2-5　数控车床床身截面

双速电机变速。也有一部分经济型数控车床采用手柄拨叉，进行手动变速。经济型数控车床一般有 4～8 级转速，这对高水平的自动加工来说，的确有些欠缺，但已经可以满足一般加工要求。

标准型数控车床的主传动系统则采用直流或交流无级调速的主轴电机，通过皮带传动至主轴箱，带动主轴旋转，进而实现自动无级调速及恒速切削控制。为了增大调速范围和保证主轴电机转速不至于过低，有时在主轴箱内设置两组变速齿轮，把主轴转速范围分为高速及低速两种。采用液压油缸推动滑移齿轮来实现齿轮的换位，或者使用电磁离合器接通或切断动力的传递。

标准型数控车床的主轴变速是按照加工程序指令自动进行的。为了确保车床主传动的精度、降低噪声、减少振动，主传动链要尽可能地短；为了保证满足不同的加工工艺要求并能获得最佳切削速度，主传动系统应能无级地大范围变速；为了保证车削端面的生产率和加工质量，还应能实现恒切削速度控制。另外，在全功能数控车床上，主轴应能配合其他部件，实现工件的自动装夹。

图 2-6 所示为标准型 MJ-50 数控车床的传动系统图，其中主运动传动系统由功率为 11/15kW 的交流伺服电机驱动，经一级速比为 1∶1 的皮带传动，直接带动主轴旋转。主轴在 35～3500r/min 的转速范围内实现无级调速。由于主轴的调速范围不是很大，所以在主轴箱内省去了齿轮传动变速机构，因此减少了齿轮传动对主轴精度的影响，并且维修方便。

主运动内使用的脉冲信号发生器主要有光电式和电磁式两种。数控车床上的主轴编码器采用与主轴同步的光电脉冲发生器。脉冲信号发生器可以通过安装在中间轴上的 1∶1 皮带传动实现同步，也可以通过一对齿轮进行同步传动，还可以通过弹性联轴器与主轴同轴安装。

在高级的数控车床(车削中心)上，还要实现 C 轴(即围绕主轴的旋转坐标轴)的控制。车削中心的主传动系统与一般的数控车床基本相同，只是增加了主轴的 C 轴坐标功能，以实现主轴定向停车和圆周进给，并在数控装置控制下实现 C 轴与 Z 轴的联动插补，或 C 轴与 X 轴联动插补。这样就可以在回转体的圆柱面上或端面上任意部位上进行钻削、铣削、

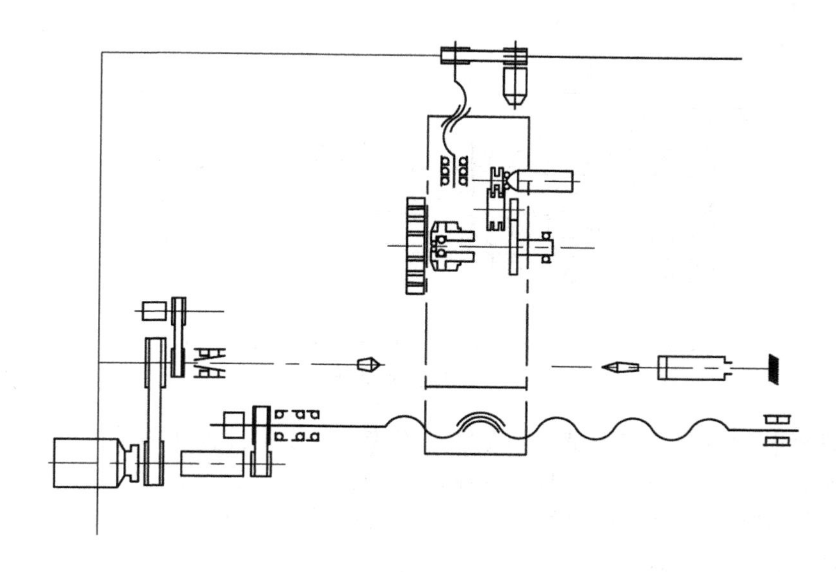

图 2-6　标准型 MJ-50 数控车床传动系统图

车螺纹及曲面加工。C 轴的回转（即进给）或分度运动是由 C 轴伺服电机通过精密蜗杆副或滑移齿轮副以及分度齿轮来实现的。当主轴在一般工作状态时，主轴与 C 轴的伺服传动机构脱开。

2.4.3　进给传动机构

数控车床的进给传动方式和结构特点与普通车床、自动和半自动车床截然不同。它只用于伺服电机（直流或交流）驱动，通过滚珠丝杠带动刀架完成纵向（Z 轴）和横向（X 轴）的进给运动。由于数控车床采用了脉宽调速伺服电机及伺服系统，因此进给和车螺纹范围很大（例如，配 FANUC-6T 系统，进给和车螺纹范围为 0.001～500mm/r），快速移动和进给传动均经同一传动路线。一般数控车床的快速移动速度可达 10～15m/min。数控车床所用的伺服电机除有较宽的调速范围并能无级调速外，还能实现准确定位。在走刀和快速移动下停止，刀架的定位精度和重复定位精度误差不超过 0.01mm。

进给系统的传动要求准确、无间隙。因此，要求进给传动链中的各环节，如伺服电机与丝杠的连接，丝杠与螺母的配合及支承丝杠两端的轴承等都要消除间隙。如果经调整后仍有间隙存在，可通过数控系统进行间隙补偿，但补偿的间隙量最好不超过 0.05mm。因为传动间隙太大对加工精度影响很大，特别是在镜像加工（对称切削）方式下车削圆弧和锥面时，传动间隙对精度影响更大。除上述要求外，进给系统的传动还应灵敏和有较高的传动效率。

中、小型数控车床的进给系统普遍采用滚珠丝杠副传动。伺服电机与滚珠丝杠的传动连接方式有两种：

(1)滚珠丝杠与伺服电机轴端的锥环连接。锥环联接是进给传动系统消除传动间隙的一种比较理想的连接方式，它主要靠内外锥环锥面压紧后产生的摩擦力传递动力，避免了键连接产生的间隙，这种连接方式在进给传动链的各个环节得到了广泛的应用，其结构如图 2-7 所示。

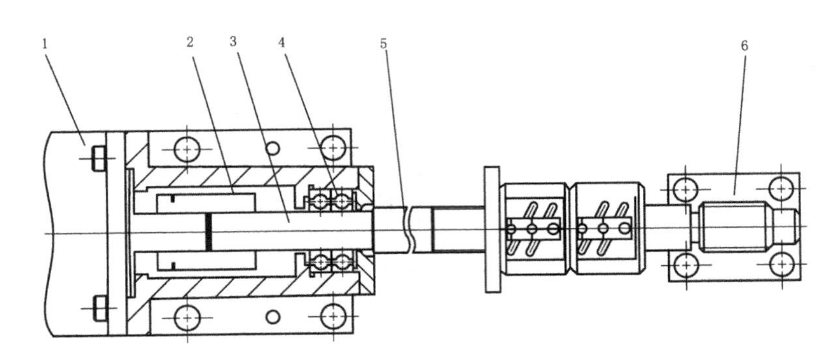

1—伺服电机　2—联轴器中间件　3—螺母 4、6—轴承　5—滚珠丝杠

图 2-7　进给驱动装置

(2)滚珠丝杠通过同步齿形带与伺服电机连接。为了消除同步齿形带传动对精度的影响,将脉冲编码器 1 安装在滚珠丝杠 4 的端部,以便直接对滚珠丝杠的旋转状态进行检测。这种结构允许伺服电机的轴端朝外安装,因而可避免电机外伸,加大机床的高度和长度尺寸,或影响机床的外形美观。

滚珠丝杠螺母轴向间隙可通过施加预紧力的方法消除。预紧载荷以能有效地减小弹性变形所带来的轴向位移。但过大的预紧力将增加摩擦阻力,降低传动效率,并使寿命大为缩短。所以,一般要经过几次仔细调整才能保证机床在最大轴向载荷下,既消除间隙,又能灵活运转。目前,丝杠螺母副已由专业厂生产,其预紧力由制造厂调好供用户使用。

在横向进给(X 轴)和纵向进给(Z 轴)上,都可以安装检测装置,组成闭环或半闭环伺服控制系统。在伺服系统中使用的检测元件的种类很多,如旋转变压器、感应同步器、光栅、磁栅等,可以根据使用中的实际情况和精度要求进行选用。

2.4.4　刀架

数控车床的刀架是车床的重要组成部分,刀架用于夹持切削用的刀具,其结构直接影响车床的切削性能和工作效率。刀架的性能在一定程度上体现了车床的设计与制造技术水平。数控车床的刀架可分为排式刀架、回转刀架和带刀库的自动换刀装置等。

刀架是直接完成切削加工的执行部件,所以刀架在结构上必须具有良好的强度和刚度,以承受粗加工时的切削抗力。由于切削加工精度在很大程度上取决于刀尖位置,故要求数控车床选择可靠的定位方案和合理的定位结构,以保证有较高的重复定位精度(一般为 0.001～0.005mm)。此外,还应满足换刀时间短、结构紧凑、安全可靠等要求。

1. 排刀式刀架

排刀式刀架一般用于小规格数控车床,以加工棒料。它的结构形式为夹持着各种不同用途刀具的刀夹沿着机床的 X 坐标轴方向排列在横向滑板上。刀具的典型布置方式如图 2-8 所示。这种刀架在刀具布置和机床调整等方面都较方便,可以根据具体工件的车削工艺要求,任意组合各种不同用途的刀具,一把刀具完成车削任务后,横向滑板只要按程序沿 X 轴向移动预先设定的距离后,第二把刀具就到达加工位置,这样就完成了机床的换刀动作。这种方式迅速省时,有利于提高机床的生产效率。另外,还可以安装各种不同用途的动力刀具来完成一些简单的钻、铣、攻丝等二次加工工序,以使机床在一次装夹中完成工件的全部或大部分加工工序。

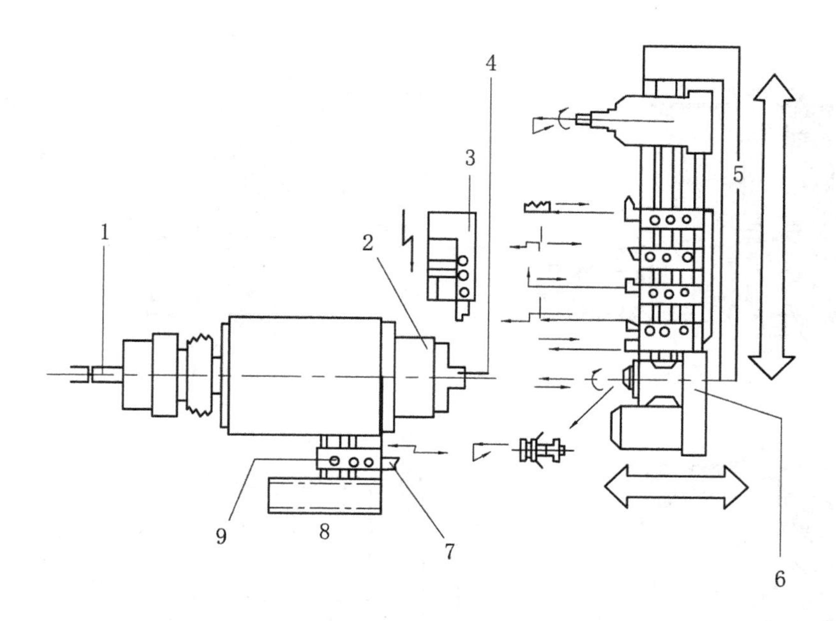

1—棒料进料机构　2—卡盘　3—切断刀架　4—工件　5—刀具　6—附加主轴头
7—去毛刺加工刀具　8—托料盘　9—切向刀架　10—主轴箱

图 2-8　排式刀架

2. 回转刀架

回转刀架也称转塔式刀架，是数控车床最常用的一种典型换刀刀架。转塔式刀架上安装有转塔头，转塔头上的各个刀座上可以安装或支持各种不同用途的刀具，通过转塔头的旋转、分度、定位来实现车床的自动换刀工作。转塔刀架分度准确，定位可靠，重复定位精度高，转位速度快，夹紧刚性好，可以保证数控车床加工的高精度和高效率。回转刀架通过刀架的旋转分度定位来实现机床的自动换刀动作。一般来说旋转直径超过 100mm 的机床大都采用回转刀架。根据加工要求可设计成四方、六方刀架或圆盘式轴向装刀刀架，并相应地安装四把、六把或更多的刀具，回转刀架的换刀动作可分为刀架抬起、刀架转位和刀架压紧等几个步骤。图 2-9 为数控车床六角回转刀架(即六方刀架)，它的动作是根据数控指令进行，由液压系统通过电磁换向阀和顺序阀进行控制，其工作原理如下：

(1)刀架抬起。当数控装置发出指令后，压力油从 A 孔进入压紧油缸下腔，使活塞 1 上升，刀架体 2 抬起使定位用固定插销 9 脱开。同时，活塞杆下端的端齿离合器 5 与空套齿轮 7 结合。

(2)刀架转位。当刀架抬起后，压力油从 C 孔进入转位油缸左腔，活塞 6 向右移动，通过接板 13 带动齿条 8 移动，使空套齿轮 7 连同端齿离合器 5 作反时针旋转 60°，实现刀架转位。活塞的行程应当等于齿轮 7 节圆周长的 1/6，并由限位开关控制。

(3)刀架压紧。刀架转位后，压力油从 B 孔进入压紧油缸的上腔，活塞 1 带动刀架体 2 下降。零件 3 的底盘上精确地安装着 6 个带斜楔的圆柱固定插销 9，利用活动销 10 消除定位销与孔之间的间隙，实现反靠定位。刀体 2 下降时，定位活动插销与另一个固定插销 9 卡紧。同时零件 3 与零件 4 的锥面接触，刀架在新的位置上定位并压紧。此时，端齿离合器与空套齿轮脱开。

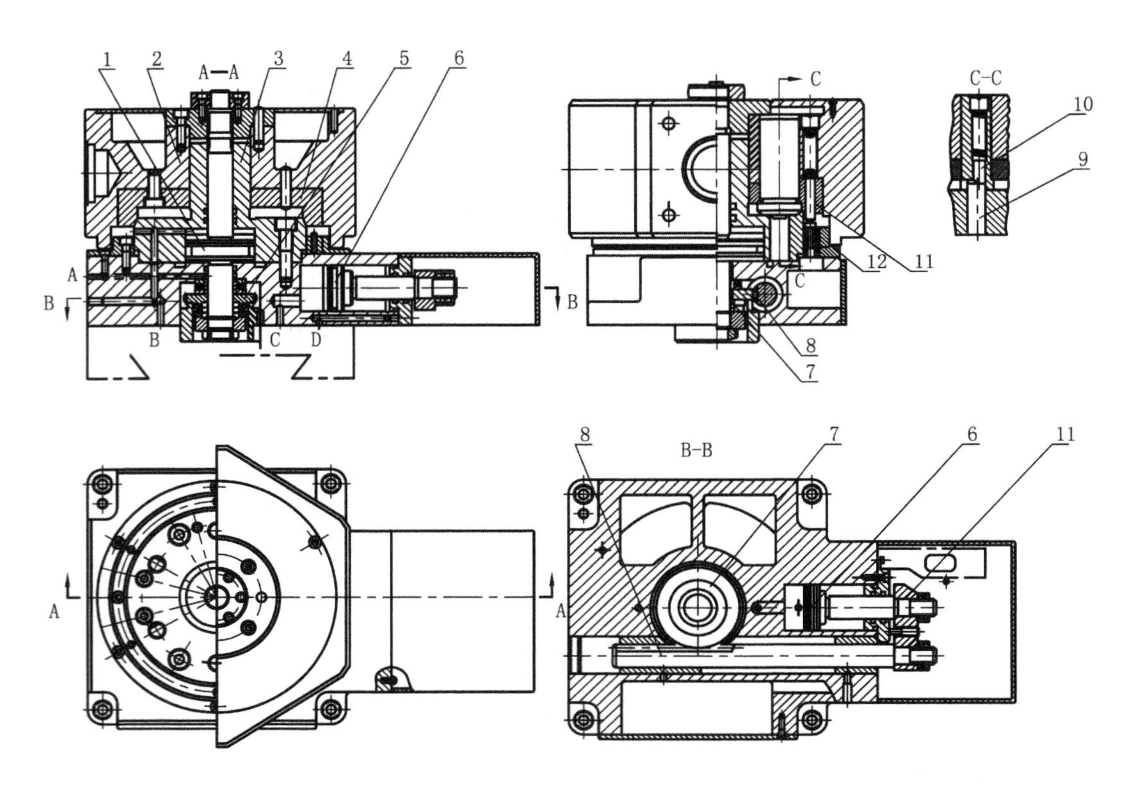

图 2-9　六角回转刀架

(4)转位油缸复位。刀架压紧后,压力油从 D 孔进入转位油缸右腔,活塞 6 带动齿条复位。由于这时端面离合器已脱开,齿条带动齿轮在轴上空转。如果定位夹紧动作正常,推杆 11 与相应的触头 12 接触,发出信号表示已完成换刀过程,可进行切削加工。

回转刀架还可以采用电机—马达机构转位、鼠牙盘定位,也可采用液压马达驱动通过齿轮或凸轮使刀盘转位,用液压油缸夹紧,由端齿盘定位等,以及其他转位和定位机构。

3. 带刀库的自动换刀装置

上述排刀式刀架和回转刀架所安装的刀具都不可能太多,即使是装备两个刀架,刀具的数目也有一定限制。随着数控车床进一步向柔性化发展,对大范围的工件进行中、小批量加工,或根据工件工艺的要求需要数量较多的刀具时,应采用带刀库的自动换刀装置。

刀库的自动换刀装置由刀库和刀具交换机构组成。数控车床上的这种换刀装置多数采用刀具编码式选刀方式。刀库的容量为 10～30 把。数控车床的自动换刀装置主要采用回转刀盘,刀盘上安装 8～12 把刀。有的数控车床采用两个刀盘,实行四坐标控制,少数数控车床也具有刀库形式的自动换刀装置。

2.4.5　尾座

在数控车床中,尾座是结构较为简单的一个部件。尾座的锁紧是由手动控制的液压缸完成的。在机床调整时,可以手动控制尾座套筒移动。

2.4.6　卡盘

在经济型数控车床中,考虑到成本的因素,一般使用与普通车床一样的手动自定心卡盘

(即习惯中所说的“三爪卡盘”)。

在标准型数控车床中,一般使用自定心的液压卡盘或气动卡盘。因三个卡爪滑座径向移动是同步的,故装夹时能实现自动定心。其夹紧力的大小可以通过对液压系统的压力进行调整来实现。

综上所述,数控车床就是安装了数控系统的车床,数控车床的加工是由数控系统来控制的。但数控车床在某些方面为适应机床自动控制的特点而对机床结构作了一些小的调整,同时数控车床要求有更高的精度和强度。

2.5 数控车床的技术参数

表2-1以MJ-50数控车床为例说明车床常见的主要技术参数。这台车床为两坐标,两联动,使用FANUC--OTE控制系统。

表2-1 MJ-50数控车床主要技术参数

项　目	参　数
最大工件回转直径	500mm
最大车削直径	310mm
最大切削长度	615mm
主轴转速	35～3500r/min(无级)
刀架有效行程	横向(X轴)182mm;纵向(Z轴)675mm
快速移动速度	横向(X轴)10m/min;纵向(Z轴)15m/min
允许刀具规格	车刀25mm×25mm;镗刀ϕ2～45mm
刀盘上刀具数	10把
主电机功率	连续负载11kW;30分钟超载15kW
伺服电机功率	X轴AC0.9kW;Z轴AC1.8kW
机床外形尺寸	2995mm×1667mm×1796mm
控制系统制造厂家	日本FANUC公司
控制系统	FANUC-OTE
定位精度	0.01mm/300mm
重复定位精度	0.005mm
加工外圆的圆度	0.005mm
控制系统的脉冲当量	0.001mm
机床噪声	<76dB(A)

第3章 数控车床操作

3.1 数控车床的控制面板

MJ-50型(FANUC-OTE系统)数控车床的操作面板位于机床的右上方,它由上下两部分组成,上半部分为数控系统操作面板,下半部分为机床操作面板。其他使用FANUC系统的数控车床的控制面板与该面板是基本一致的,而如果采用其他控制系统,则有所区别,但在功能上基本是一致,只是在位置排列上有较大的区别。

3.1.1 数控系统操作面板

数控系统操作面板也称CRT/MDI面板。MJ-50数控车床的数控系统操作面板如图3-1所示,它由CRT显示器和MDI键盘两部分组成。

图3-1 FANUC数控系统操作面板

1. 主功能键

POS 键用于显示当前的坐标值。

PRGRM键在EDIT方式下,用于编辑、显示存储器内的程序;在MDI方式下,用于输入、显示MDI数据;在机床自动操作时,用于显示程序指令。

MENU/OFSET 键用于设定、显示补偿值和宏程序变量。

DGNOS/PARAM 键用于参数的设定、显示及自动诊断数据的显示。

OPR/ALARM 键用于显示报警号。

AUX/GRAPH 键用于图形的显示。

2. 数据输入键

数据输入键(地址数字键)可用于字母、数字及其他符号的输入,每次输入的字母都显示在 CRT 屏幕上。

3. 程序编辑键

ALTER 程序更改。

INSRT 键用于程序插入。

DELET 键用于程序删除。

EOB 键也称回车键,按下此键程序段结束。

CAN 键用于删除已输入到缓冲器里的最后一个字符或符号。如:当输入了 N100 后,又压下此键,则 N100 被删去。

4. 复位键

RESET 键,当机床自动运行时,按下此键,则机床的所有操作都停下来。此状态下若恢复自动运行,滑板需返回机床参考点,程序将从头执行。

5. 启动/输出键

START 键,按下此键,便可执行 MDI 的命令。

6. 输入键

INPUT 键,按下此键,可输入参数或补偿值等,也可以在 MDI 方式下输入命令数据。

7. 光标键

CURSOR 用于光标移动。↑ 键将光标向上移,↓ 键将光标向下移。

PAGE 用于屏幕换页。↑ 键向前翻页,↓ 键向后翻页。

8. CRT 显示器

CRT 显示器可以显示机床的各种参数和功能。如显示机床参考点坐标、刀具起始点坐标、输入数控系统的指令数据、刀具补偿量的数值、报警信号、自诊断结果、滑板快速移动速度以及间隙补偿值等。CRT 显示内容会根据所选功能不同而变化。

9. 软键

即子功能键,在主功能状态选择下级子功能,其含义显示于当前屏幕上对应软键的位置。

图 3-2 所示为 SIMENS 802D 系统的控制面板,图 3-3 所示为华中数控 HN-9702 数控系统的控制面板。

3.1.2 机床控制操作面板

如图 3-4 所示为 MJ-50 数控车床的机床操作面板,机床操作面板上的各个开关及按钮的功能与使用主要用于控制机床的动作,详见表 3-1。

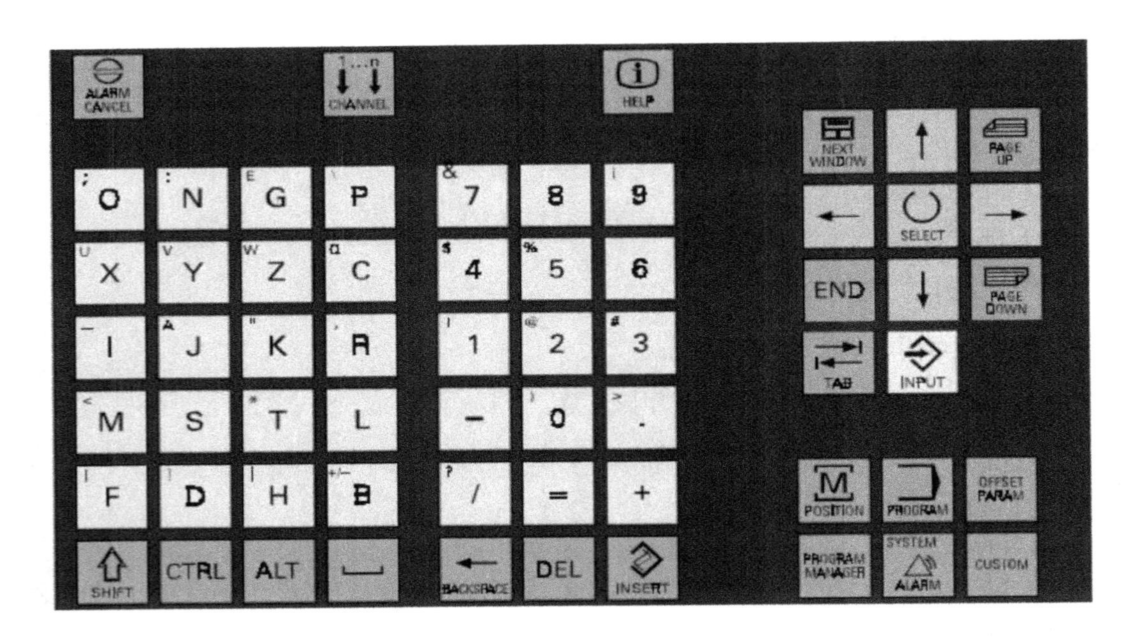

图 3-2　SIMENS 802D 系统控制面板

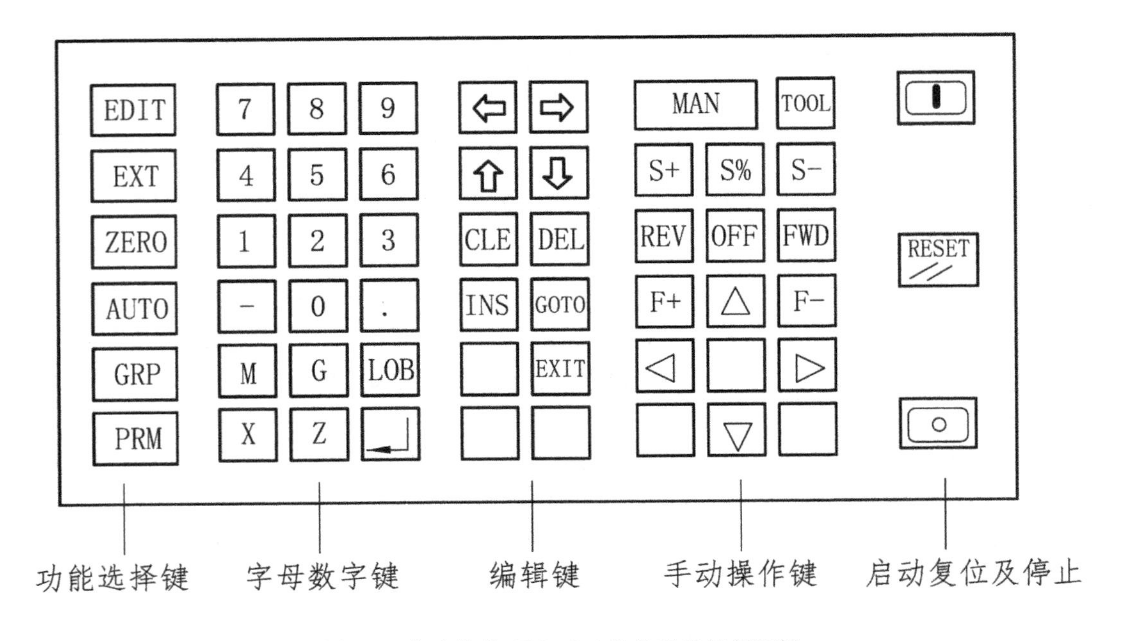

图 3-3　华中数控 HN-9702 数控系统控制面板

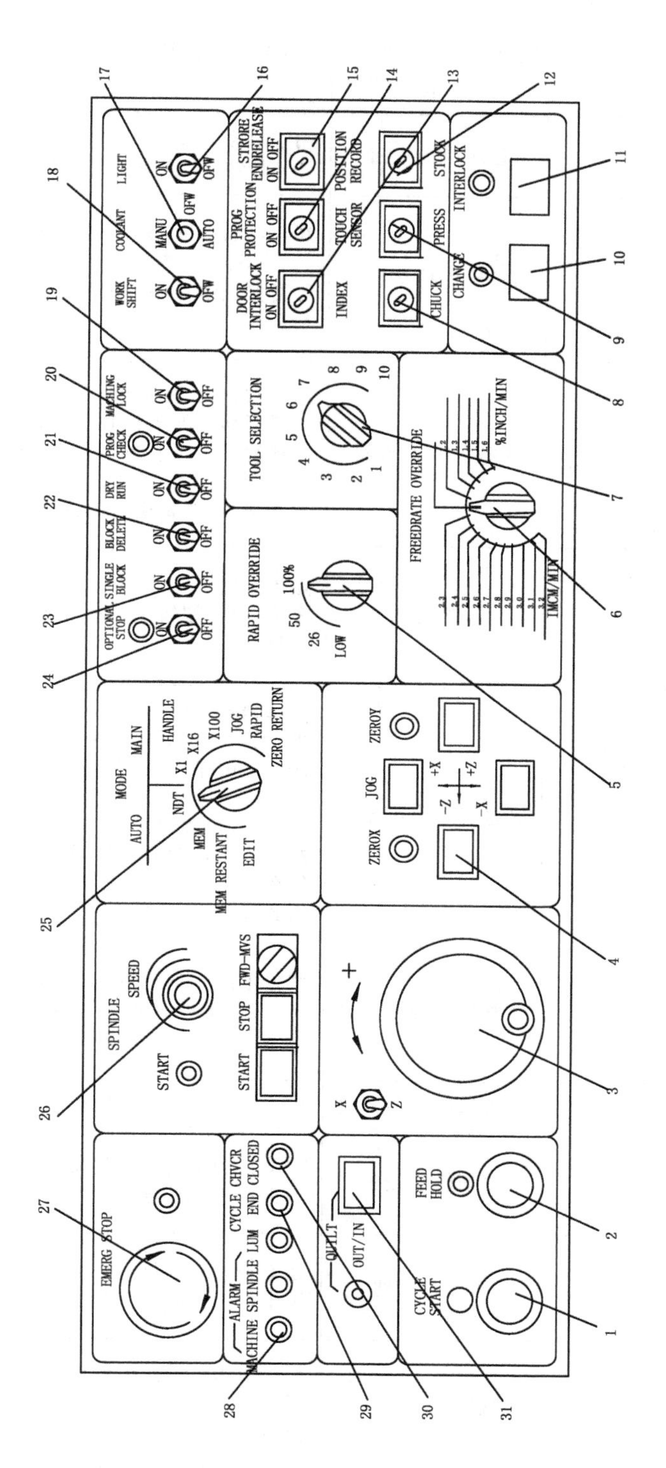

图3-4 MJ-50数控车床操作面板

表 3-1 机床操作面板的开关及按钮功能

序号	键	名称	功能说明
1	CYCLE START	程序启动按钮	用于自动方式下自动运行的启动，其上指示灯亮，机床处于自动运行状态。
2	FEED HOLD	进给保持按钮	在自动运行状态下，暂停进给（滑板停止移动），但 M、S、T 功能仍然有效，其上指示灯亮，机床处于暂停进给状态。按程序启动按钮，可以恢复自动运行。
3	MANUAL PULSE GENERATOR	手摇脉冲发生器	通常被称为手摇轮或手轮。由它左侧的开关指定滑板移动的坐标轴，由"MODE"旋转开关设定手摇轮 1 格每转的移动量，转动手摇轮，使滑板沿 X 轴或 Z 轴移动。手摇轮顺时针转为坐标轴的正向，手摇轮逆时针转为坐标轴的负向。
4	JOG	点动按钮	点动按钮有 4 个（＋X、－X、＋Z、－Z），每次只能压下一个，按钮压下时滑板移动，抬起时，滑板停止移动。
5	RAPID OVERRIDE	快速倍率旋转开关	倍率档有 100％、50％、25％和 LOW 四级。以 X 轴为例，开关在 100％ 位置时，快移速度为 10m/min；在 50％位置时，快移速度为 5m/min；在 25％位置时，快移速度为 2.5m/min；在 LOW 位置时，快移速度为 400mm/min。当用"MODE"按钮快速移动滑板时，其速度就是由该旋钮指定的在自动运行中，由 F 代码指定的进给速度可以用此开关来调整。
6	FREEDRATE OVERRIDE	进给倍率旋转开关	调整范围 0％～150％，每格增量为 10％。在点动方式下，进给速度可以在 0～1260mm/min 范围内调整。但是在车削螺纹时，不允许调进给率。
7	TOOL SELECTION	刀具选择旋转开关	用于选择刀架中的任意一把刀具。
8	INDEX	刀架转位按钮	在手动方式下，在使用"TOOLSELECTION"开关指定了刀具号之后，压下此按钮用于换刀。
9	TOUCH SENSOR	对刀仪按钮	在安装有对刀仪的机床上使用。在自动方式下，用于对刀仪的摆出和摆回。
10	CHUCK PRESS CHANGE	卡盘压力转换按钮	用于卡盘夹紧压力的没定。按下此键，为低压力时指示灯闪闪发亮，再次按下此键，转换为高压力，指示灯灭。
11	TAIL STOCK INTERLOCK	尾座夹紧按钮	开机后尾座处于夹紧状态，指示灯不亮。压下此按钮，松开尾座，指示灯亮。再压下它，夹紧尾座。

续表 3-1

序号	键	名称	功能说明
12	POSITION RECORD	位置记录按钮	用于将刀具补偿值作为工件坐标系与机床坐标系的差值设定。
13	DOOR INTERLOCK	门联锁钥匙开关	用于打开或关闭机床电箱门。
14	PROG PROTECTION	程序保护钥匙开关	此开关接通,可进行加工程序的编辑、存储;此开关断开,存储器的程序不能改变。
15	STROKE END RELEASE	超程解除钥匙开关	用于解除因超程而引起的报警。
16	LIGHT	机床照明灯开关	开关在"ON"位置照明灯亮,开关在"OFF"位置照明灯灭。
17	COOLANT	冷却开关	开关置于手动位置(MANU),则手动方式启动冷却系统;开关置于自动位置(AUTO),则在加工过程中,用M代码指令冷却系统的启动与停止;开关置于"OFF"位置时冷却停止。
18	WORK SHIFT	工件坐标偏置开关	此开关用于安装有对刀仪的机床。
19	MACHINE LOCK	机床锁定开关	开关置于"ON"位置,仅滑板不能移动;开关置于"OFF"位置时操作正常执行。
20	PROG CHECK	程序检查开关	开关置于"ON"位置,用于检查加工程序,此时程序中的M、S代码无效,T代码有效,滑板以空行程速度移动;开关置于"OFF"位置时执行正常操作。
21	DRY RUN	空运行开关	开关置于"ON"位置,程序中的F代码无效,滑板以进给倍率开关指定的速度移动,同时滑板的快速移动有效;开关置于"OFF"位置,F代码有效。
22	BLOCK DELETE	程序段跳步开关	开关置于"ON"位置,对于程序开头有"/"符号的程序段被跳过不执行;将开关置于"OFF"位置时"/"符号无效。
23	SINGLE BLOCK	单步运行开关	开关置于"ON"位置,在自动运行方式下,执行一个程序段后自动停止;开关置于"OFF"位置时则连续运行程序。
24	OPTIONAL STOP	选择停止开关	开关置于"ON"位置,当程序运行到M01时,暂停运行,且主轴停转,冷却停止,其上指示灯亮。按下"CYCLESSTART"按钮,继续执行下面的程序;开关置于"OFF"位置时M01代码功能无效。

续表 3-1

序号	键	名称		功能说明
25	MODE	方式选择旋转开关	自动方式	在自动方式(AUTO)中有 4 种工作方式： “EDIT”编辑方式：可将工件程序手动输入到存储器中；可以对存储器内的程序进行修改、插入和删除；输入或输出穿孔带程序。 “MEM RESTART”自动启动方式：对安装有自动装料装置的机床可实现连续加工工件。 “MEM”存储器工作方式：机床执行存储器中的程序，自动加工工件。 “MDI”手动数据输入方式：用 MDI 键盘直接将程序段输入到存储器内，并立即运行，将此方法称为 MDI 工作方式；用 MDI 键盘将加工程序输入到存储器内，此方法称为手动数据输入。
			手动方式	在手动方式(MANU)中也有 4 种工作方式： “HANDLE”手摇轮方式：转动手摇轮使滑板移动，每次只能移动一个坐标轴。并可以选择×1、×10 和×100 三种滑板移动的速度。 “JOG”点动方式：可用此按钮使滑板移动，移动速度由进给倍率旋转开关设定。 “RAPID”快速点动方式：用“JOG”按钮使滑板快速移动，移动速度由快速倍率开关设定。 “ZERO RETURN”返回参考点方式：用“JOG”按钮，使 X、Z 轴返回机床参考点，对应的参考点指示灯亮。
26	SPINDLE	主轴功能按钮		正反转开关“FWD-RVS”，用以指定主轴的旋转方向；按下停止“STOP”按钮，主轴停转；按下启动“START”按钮，在手动方式下，主轴按指定的方向旋转，在自动方式下，主轴正转，用于检查工件的装夹情况。其上指示灯亮显示主轴正在转动；速度调整旋钮“SPEED”，用于调整主轴转速。
27	EMERG STOP	紧急停止按钮		当出现异常情况时，按下此按钮机床立即停止工作。待故障排除恢复机床工作时，需按照按钮上的箭头方向转动，按钮即可弹起。
28	ALARM	报警指示灯		机床报警灯(MACHTNE)机床因出现电动机过载、液压系统压力不足、换刀错误、卡盘没有夹紧工件主轴便旋转等情况时报警灯亮；主轴报警灯(SPINDLE)主轴伺服系统出现异常现象时报警灯亮；润滑报警灯(LUB)润滑油不足时报警灯亮。
29	CYCLE END	程序结束指示灯		当加工完一个工件时指示灯亮。
30	CHUCK CLOSED	卡盘夹紧指示灯		用于检测卡盘是否夹紧，夹紧时指示灯亮。
31	QUILL OUT/IN	套筒伸缩按钮		当按下按钮，尾座套筒伸出，左侧指示灯亮。再次按 F 按钮，尾座套筒退回，指示灯灭。

3.2 数控车床的基本操作

工件的加工程序编制工作完成之后，就可以操作机床对工件进行加工。下面根据MJ-50型数控车床的功能，介绍机床的各种操作。

3.2.1 机床的开启与停止

1. 电源的接通

在机床主电源开关接通之前，操作者必须对机床的防护门是否关闭、卡盘的夹持方向是否正确和油标的液面位置是否符合要求等进行安全检查。

(1)合上机床主电源开关，机床工作灯亮，冷却风扇启动，润滑泵、液压泵启动。

(2)按下控制面板上的电源启动按钮，CRT显示器上出现机床的初始位置坐标。

(3)检查安装在机床上部的总压力表显示压力是否正常。

2. 机床的停止

机床无论是在手动或自动运转状态下，机床在加工工件完成后，或者遇有不正常情况，需要机床紧急停止时，可通过下面4种操作来实现。

(1)按下紧急停止按钮。按下"EMERGSTOP"按钮后，除润滑油泵外，机床的动作及各种功能均被立即停止。同时CRT屏幕上出现CNC数控未准备好(NOT READY)报警信号。

待故障排除后，顺时针旋转按钮，被压下的按钮跳起，则急停状态解除。但此时要恢复机床的工作，必须进行返回机床参考点的操作。

(2)按下复位键。机床在自动运转过程中，按下 RESET 键则机床全部操作均停止，因此可以用此键完成急停操作。

(3)按下电源断开键。按下控制面板上的 OFF 键，机床停止工作。

(4)按下进给保持按钮。机床在自动运转状态下，按下"FEED HOLD"按钮，则滑板停止运动，但机床的其他功能仍有效。当需要恢复机床运转时，按下"CYCLE START"按钮，机床从当前位置开始继续执行下面的程序。

3.2.2 手动操作机床

当机床按照加工程序对工件进行自动加工时，机床的操作基本上是自动完成的，而其他情况下，要靠手动来操作机床。

1. 手动返回机床参考点

由于机床采用增量式测量系统，故一旦机床断电后，其上的数控系统就失去了对参考点坐标的记忆。当再次接通数控系统的电源后，操作者必须首先进行返回参考点的操作。

另外，机床在操作过程中遇到急停信号或超程报警信号，待故障排除后，恢复机床工作时，也必须进行返回机床参考点的操作。具体操作步骤如下：

(1)将"MODE"开关置于"ZERO RETURN"返回参考点方式。提醒操作者注意：当滑板上的挡块距离参考点开关的距离不足30mm时，要首先用"JOG"按钮使滑板向参考点的负方向移动，直到距离大于30mm停止点动，然后再返回参考点。

(2)分别按下X轴和Z轴的“JOG”按钮，使滑板沿X轴或Z轴正向移向参考点。在此过程中，操作者应按住“JOG”按钮，直到参考点返回指示灯亮，再松开按钮。在滑板移动到两轴参考点附近时，会自动减速移动。

2. 滑板的手动进给

当手动调整机床时，或是要求刀具快速移动接近或离开工件时，需要手动操作滑板进给。滑板进给的手动操作有两种，一种是用“JOG”按钮使滑板快速移动，另一种是用手摇轮移动滑板。

(1)快速移动。机床装刀或是手动操作时，要求刀具能快速移动接近或离开工件，其操作方法如下：

①首先将“MODE”开关置于“RAPID”方式。

②用“RAPID OVERRIDE”开关选择滑板快移的速度。

③按下“JOG”按钮，使刀架快速移动到预定位置。

(2)手摇轮进给。手动调整刀具时，要用手摇轮确定刀尖的正确位置，或是试切削时，一面用手摇轮微调进给速度，一面观察切削情况。其操作步骤如下：

①将“MODE”开关转到“HANDLE”位置(可选择3个位置)；

②选择手摇轮每转动1格滑板的移动量，将“MODE”转开关转至×1，手摇轮转1格滑板将移动0.001mm，若指向×10，手摇轮转1格滑板移动0.01mm，若指向×100，手摇轮转1格滑板移动0.1mm；

③使手摇轮左侧的X、Z轴选择开关扳向滑板要移动的坐标轴；

④转动手摇脉冲发生器，使刀架按指定的方向和速度移动。

3. 主轴的操作

主轴的操作主要包括主轴的启动与停止和主轴的点动。

(1)主轴启动与停止。主轴的启动与停止是用来调整刀具或试调机床的。具体操作步骤如下：

①将“MODE”开关置于手动方式(MANU)中任意一个位置。

②用主轴功能按钮中的“FWD-RVS”开关确定主轴旋转方向，在“FWD”位置，主轴正转，开关指向“RVS”位置，主轴反转。

③旋转主轴“SPEED”至低转速区，防止主轴突然加速。

④按下“START”按钮，主轴旋转。在主轴转动过程中，可以通过“SPEED”旋钮改变主轴的转速，且主轴的实际转速显示在CRT显示器上。

⑤按下主轴STOP按钮，主轴停止转动。

(2)主轴的点动。主轴的点动是用于使主轴旋转到便于装卸卡爪的位置或是检查工件的装夹情况。其操作方法是：

①将“MODE”开关置于自动方式(AUTO)中的任意一个位置。

②将主轴“FWD-RVS”开关指向所需的旋转方向。

③压下“START”按钮，主轴转动，按钮抬起，主轴停止转动。

4. 刀架的转位

装卸刀具、测量切削刀具的位置以及对工件进行试切削时，都要靠手动操作实现刀架的转位。其操作步骤如下：

(1)首先将“MODE”开关置于“MANU”方式中的任意一个位置。

(2)将“TOOL SELECTION”开关置于指定的刀具号位置。

(3)按下“INDEX”,则回转刀架上的刀盘顺时针转动到指定的刀位。

5. 手动尾座的操作

手动尾座的操作包括尾座体移动和尾座套筒的移动。

(1)尾座体的移动。手动尾座体使其前进或后退,主要用于轴类零件加工时,调整尾座的位置,或是加工短轴和盘类零件时,将尾座退至某一合适的位置。其操作步骤如下:

①将“MODE”开关置于“MANU”方式中的任一位置;

②压下“TAIL STOCK INTER-LOCK”按钮,松开尾座,其按钮上方指示灯亮;

③移动滑板带动尾座移动至预定位置;

④再次压下“TALLSTOCK INTERLOLK”按钮,尾座被锁紧,且指示灯灭。

(2)尾座套筒的移动。尾座套筒的伸出或退回是在加工轴类零件时,顶尖顶紧或松开工件。操作方法如下:①首先将“MODE”开关置于“MANU”方式中的任一位置;②按下“QUILL”按钮,尾座套筒带着顶尖伸出,指示灯亮;③再次按下“QUILL”按钮,尾座套筒带着顶尖退回,指示灯灭。

6. 卡盘的夹紧与松开操作

机床在手动操作或自动运转时,卡盘的夹紧和松开是通过脚踏开关实现的,其操作步骤如下:

(1)扳动电箱内卡盘正、反卡开关,选择卡盘正卡或反卡。

(2)若第一次踏下开关卡盘松开,则第二次踏下开关卡盘夹紧。

3.3 程序的输入、检查和修改

3.3.1 程序的输入

将编制好的工件程序输入到数控系统中去,以实现机床对工件的自动加工。程序的输入方法有两种:一种是通过MDI键盘输入,另一种是通过程序传输方式输入,使用MDI键盘输入程序的操作方法如下:

(1)将“PROG PROTECTION”开关置于“ON”位置。

(2)将“MODE”开关置于“EDIT”方式。

(3)压下[PRGRM]键,用数据输入键输入程序号后按下[INPUT]键,则程序号被输入。

(4)按编制好的程序输入相应的字符和数字,再按下[INPUT]键,则程序段内容被输入。

(5)按下[EOB]键,再按下INPUT键,则程序结束符号“;”被输入。

(6)依次输入各程序段,每输入一个程序段后,按下[EOB]键、按下[INPUT]键,直到全部程序段输入完成。

3.3.2 程序的检查

对于已输入到存储器中的程序必须进行检查,并对检查中发现的程序指令错误、坐标值错误、几何图形错误等必须进行修改，待加工程序完全正确，才能进行空运行操作。程序检查的方法是对工件图形进行模拟加工。在模拟加工中，逐段地执行程序，以便进行程序的检查。其操作过程如下：

(1)进行手动返回机床参考点的操作。

(2)在不装工件的情况下，使卡盘夹紧。

(3)置“MODE”开关于“MEM”位置。

(4)置“MACHINELOCK”开关于“ON”位置；置“SINGLE BLOCK”开关于“ON”位置。

(5)按下 PRGRM 键，输入被检查程序的程序号，CRT 屏幕显示存储器的程序。

(6)将光标移到程序号下面，按下“CYCLE START”按钮，机床开始自动运行，同时指示灯亮。

(7)CRT 屏幕上显示正在运行的程序。

3.3.3 程序的修改

对程序输入后发现的错误，或是程序检查中发现的错误，必须进行修改，即对某些程序段要进行修改、插入和删除，操作步骤如下：

(1)将“PROGPROTECTION”开关置于“ON”位置。

(2)将“MODE”开关置于“EDIT”方式。

(3)按下 PRGRM 键，输入需要修改程序的程序号，CRT 屏幕显示该程序。

(4)移动光标到要编辑的位置，当输入要更改的字符后按下 ALTER 键；当插入新的字符时按下 INSRT 键；当要删除字符时，按下 DELET 键。

3.4 刀具补偿值的输入

为保证加工精度和编程方便，在加工过程中必须进行刀具补偿，每一把刀具的补偿量需要在空运行前输入到数控系统中，以便在程序的运行中自动进行补偿(图 3-5)。

为了编程及操作的方便，通常是使 T 代码指令中的刀具编号和刀具补偿号相同。如“T0101”中前面的“01”是刀具编号，后面的“01”表示刀具补偿号。

3.4.1 更换刀具后刀具补偿值的输入

更换刀具时引起刀具位置变化，需要进行刀具的位置补偿。按下面的操作顺序输入刀具补偿值：

(1)按下功能键 MENU OFSET，CRT 屏幕上显示“OFFSET/WEAR”画面，如图 3-5 所示。

(2)将光标移到欲设定的补偿号位置上。

(3)分别输入 X、Z、R、T 的补偿值，按 INPUT 键。

刀具补偿值输入到数控系统后，刀具运行轨迹便会自动校正。当刀具磨损后需要修改已存储在相应存储器里的刀具补偿值，操作顺序同上，修改后的刀补值替换原刀补值。

OFFSET/WEAR		00002		N0400
NO	X	Y	Z	T
01	001.060	001.200	002.000	1
02	000.750	000.300	000.800	2
03	001.008	001.420	000.000	3
04	000.020	000.090	000.000	4
05	000.520	002.000	000.000	5
06	000.240	000.000	000.000	6
07	000.000	000.000	000.000	7
08	000.000	000.000	000.000	8
ACTUAL	POSITION	(RELATIVE)		
U	476	W	532	
			S 0	T0800
ADRS	JOG			

图 3-5　刀具补偿输入画面

3.4.2　刀具补偿值的直接输入

在实际编程时可以不使用 G50 指令设定工件坐标系，而是将任一位置作为加工的起始点，当然该点的设置要保证刀具与卡盘或工件不发生干涉。用试切法始点，当然该点的设置要保证刀具与卡盘或工件不发生干涉。用试切法确定每一把刀具起始点的坐标值，并将此坐标值作为刀补值输入到相应的存储器内。其操作过程如下：

(1)手动返回机床参考点。

(2)任选一把加工中所使用的刀具。

(3)按下 MENU OFSET 键，CRT 屏幕上显示“OFFSET/GEOMETRY”画面。

(4)将光标移动到该刀具补偿号的 Z 值处。

(5)以手摇轮方式移动滑板，轻轻车一刀工件端面，沿 X 向退刀，并停下主轴，按下“POSITION RECORD”按钮。

(6)测量工件端至工件原点的距离。

(7)按下“M”键和“Z”键，输入工件原点到工件端面的距离，按下 INPUT 键。如果端面需留有精加工余量，则将该余量值加入刀补值。

(8)将光标移动到该刀具补偿号的 X 值处。

(9)用手摇轮方式轻轻车一刀外圆，沿 Z 向退刀，主轴停转，按下“POSITION RECORD”按钮。

(10)测量切削后的工件直径。

(11)按下“M”键和“X”键，输入测量的直径值，按下 INPUT 键。

(12)对其他的刀具，返回第 2 步，重复执行以上的操作，直到所有刀具的补偿值输入完毕。

3.5 对刀

对刀是数控加工必不可少的一个过程。数控车床刀架上安装的刀具，在对刀前刀尖点在工件坐标系下的位置是无法确定的，而且各把刀的位置差异也是未知的。对刀的实质就是测出各把刀的位置差，将各把刀的刀尖统一到同一工件坐标系下的某个固定位置，以使各刀尖点均能按同一工件坐标系指定的坐标移动。

对于采用相对式测量的数控车床，开机后不论刀架在什么位置，CRT 上显示的 X、Z 坐标值均为零。回参考点后，刀架上不论是什么刀，CRT 上都会显示出一组固定的 X、Z 坐标，但此时显示的坐标值是刀架基准点(刀架参考点)在机床坐标系下的坐标，而不是所选刀具刀尖点在机床坐标系下的坐标值。对刀的过程就是将所选刀的刀尖点与 CTR 上示的坐标统一起来。

不同类型的数控车床采用的对刀形式可以有所不同，这里介绍常用的几种方法。

3.5.1 试切法

试切法是数控车床普遍采用的一种简单且实用的对刀方法，如图 3-6 所示。但对于不同的数控机床，由于测量系统和计算系统的差别(主要在于闭环或开环)，具体实施时又有所不同。

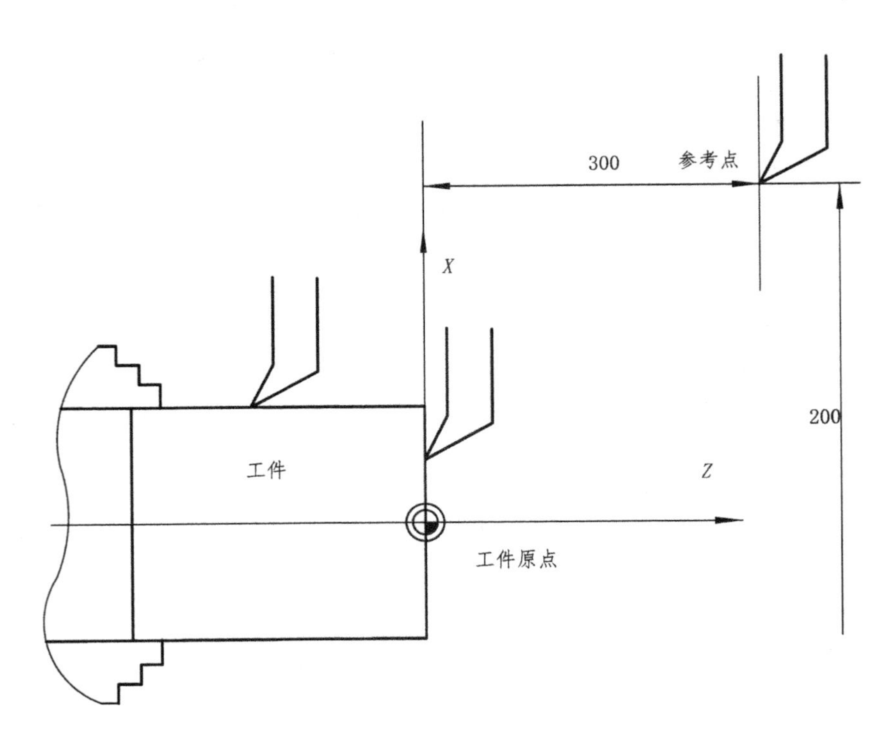

图 3-6 试切法对刀

1. 经济型数控机床

试切对刀过程如下：

返回参考点后，试切工件外圆，测得直径为ϕ52.384(刀尖的实际位置)，但此时 CTR 上显示的坐标却为 X205.254(刀架基准点在机床坐标系下的 *X* 坐标)，这两个值要务必记住；然后刀具移开外圆试切端面，此时刀尖的实际位置可认为是 Z0.(工件原点在右端面)，但此时 CTR 上显示的坐标为 Z295.478(刀架基准点在机床坐标系下的 *Z* 坐标)，这两个值也要务必记住。为了将刀尖调整到图示工件坐标系下的 X200.0、Z300.0(起刀点)位置，即相当于刀尖要从 X52.384，Z0 移动到 X200，Z300，为此刀尖在 *X* 和 *Z* 方向分别需要移动 147.616(200-52.384)和 300.0(300-0)的距离。移动 *X*、*Z* 轴，使 CRT 上显示的坐标变为 X(＝255.364＋147.616＝)402.980，Z(＝295.478＋300＝)598.478，这时刀尖恰在 X200.0，Z300.0 处，此时执行程序 G50X200.Z300.0，刀架不移动，CRT 上的显示值则立即变为 X200.0，Z300.0，至此刀尖的实际位置与 CTR 上的显示统一了，且统一在工件坐标系下。

利用上述方法确定 G50 存在一定问题，机床断电后，G50 的位置无法记忆，必须人为记忆(记忆 G50X200.02300.0 位置下 CRT 显示的 X402.980、Z598.478)。为了克服以上问题，常用的 G50 确定方法如下：

```
/GOO G91 X-10.0 Z-10.0
/G28 U0 W0
G50 X __ Z __
```

其中 X、Z 坐标在编程时暂时不填入，待基准刀对刀后再填入。例如图 3-6，回参考点后 CRT 显示 X546.815，Z673.270，然后触碰 X52.384 外圆和 *Z*0 端面，CRT 上相应坐标为 X255.364，Z295.478，则 G50 要填入的 X (＝546.815－255.364＋52.384＝)343.835，Z(＝673.270－295.478＋0＝)377.798，即 G50X343.835，Z377.798。这样断电后回参考点就确定了 G50 的位置(将参考点作为 G50 的位置，参考点的位置由系统记忆)。试件加工合格后，标有“/”的程序段跳过(开机后只回一次参考点即可)。

上述是一把刀(基准刀)的对刀过程。当使用多把刀具加工时，在确定 G50 位置前，应先利用系统的测量功能测出各把刀在 X、Z 方向的偏移量(各把刀触碰同一外圆及端面，由 CRT 上的坐标变化即能反映各把刀的尺寸差异)，将其作为刀具补偿值输入到系统内，然后选中一把基准刀确定 G50 的位置，建立一个统一的工件坐标系。在实际工作中为了“保住”这把基准刀(保留基准，以便能准确测量其他刀具的磨损量)，基准刀常常不使用，有时也会选一标准轴(芯轴)做基准刀。

2. 标准型数控机床

试切对刀方法如下：

将所有刀具(包括基准刀)进行如图 3-6 所示的试切(在手动状态下)，每把刀试切时将实际测得的 X 值和 Z 值(Z 值通常设为 0)在刀具调整画面下直接输入，系统会自动计算出每把刀的位置差，而不必人为计算后再输入。

对于具有刀具补偿功能的数控车床，其对刀误差还可以通过试切后设置刀具偏移来补偿。

3.5.2 机内对刀

机内对刀一般是用刀具触及一个固定的触头，测得刀偏量，并修正刀具偏移量，但不是所有数控车床都具有此功能。

3.5.3 机外对刀仪对刀

对刀仪既可测量刀具的实际长度，又可测量刀具之间的位置差。对于数控车床，一般采用对刀仪测量刀具之间的位置差，将各把刀的刀尖对准对刀仪的十字线中间，以十字线为基准测得各把刀的刀偏量（X、Z 两个方向）。

3.6 机床的自动运行

工件的加工程序输入到数控系统后，经检查无误，且各刀具的位置补偿值和刀尖圆弧半径补偿值已输入到相应的存储器中，便可进行机床的空运行。机床空运行完毕，并确认加工过程正确后，装夹工件进行实际切削，加工程序正确且加工出的工件符合零件图样要求，便可连续执行加工程序进行正式加工。

数控车床的空运行是指在不装工件的情况下，自动运行加工程序。在机床空运行或者实际切削之前，操作者必须完成下面的准备工作：

(1)装夹刀具，将各刀具的补偿值输入数控系统。

(2)将“FEEDRATE OVERRIDE”开关旋至适当位置，一般置于 100%。

(3)将“SINGLE BLOCK”开关、“OPTINALS TOP”开关、“MACHINE LOCK”开关和“DRY RUN”开关扳至“ON”位置。

(4)将尾座体退回原位并使套筒退回、将卡盘夹紧。

(5)将“MODE”开关置于“MEM”方式。

(6)按下 PGRM 键，选择欲加工程序，并返回程序头。

(7)连续按下“CYCLE START”按钮，机床空运行开始。

确认程序正确后，可将“SINGLE BLOCK”开关、“OPTINALS TOP”开关、“MACHINE LOCK”开关和“DRY RUN”开关扳至“OFF”位置；将“MODE”开关置于“MEM”方式；按下 PGRM 键，选择欲加工程序，并返回程序头；按下“CYCLE START”按钮，机床自动运行开始。

3.7 数控车床加工操作的注意事项

(1)零件加工前，一定要首先检查机床的正常运行。加工前，一定要通过试车保证机床正确工作，例如利用单程序段，进给倍率，或机械锁住等，且在机床上不装工件和刀具时检查机床的正确运行。如果未能确认机床动作的正确性，机床可能出现误动作，有可能损坏工件、刀具或机床。

(2)操作机床之前，一定要请仔细检查输入的数据，如果使用了不正确的数据，机床可能误动作。

(3)当使用刀具补偿功能时，请仔细检查补偿方向和补偿量，使用不正确的指定数据操

作机床,机床可能误动作。

(4)在接通机床电源的瞬间,CNC装置上没有出现位置显示或报警画面之前,请不要碰MDI面板上的任何健。MDI面板上的有些键专门用于维护和特殊的操作。按下这其中的任何健,可能使CNC装置处于非正常状态。在这种状态下启动机床,有可能引起机床的误动作。

(5)当手动操作机床时,要确定刀具和工件的当前位置并保证正确地指定了运动轴,方向和进给速度。

(6)机床在开机时、掉电后重新接通电源开关或在解除急停状态、超程报警信号后,必须先执行手动返回参考点位置。如果机床没有执行手动返回参考点就进行操作,机床的运动不可预料。行程检查功能在执行手动返回参考点之前不能执行。

(7)在螺纹加工、刚性攻丝或其他攻丝期间,如果倍率被禁止(根据宏变量的规定)可能会造成刀具、机床本身和工件的损坏。

(8)组合使用MDI面板、软操作面板和菜单开关,可以指定机床操作面板上没有的操作功能例如方式切换,倍率值改变和手动进给等。

(9)使用空运转来确认机床操作的正确性。在空运转期间,机床以空运转的速度运动与程序编入的进给速度不一样。注意空运转的速度有时比编程的进给速度高。

(10)如果在机床处于程序控制时进行人工干预,当重新启动程序时,刀具运动轨迹有可能变化。因此,在人工干预后重新启动程序之前,请确认手动绝对开关,参数和绝对值/增量值命令方式的设定。

(11)在MDI方式中应注意用命令指定的刀具轨迹,在MDI方式中不进行刀具半径或刀尖半径的补偿。当用MDI方式输入命令中断处于刀具半径或刀尖半径补偿方式的自动操作时,请在自动运行方式恢复后特别注意刀具的路径。

(12)机床在程序控制下运行时,如果在机床停止后进行加工程序的编辑(修改,插入或删除),此后再次起动机床恢复自动运行,机床将会发生不可预料的动作。一般来说,当加工程序还在使用时,请不要修改、插入或者删除其中的命令。

(13)机床操作者应注意机床的日常维护和保养,如检查润滑装置上油标的液面位置是否符合要求和切削液面是否高出水泵吸入口,机床运转时有无异常声音、动作等,并做好机床及周边场所的清洁整理工作。

第4章　数控车削加工工艺

4.1　数控车削加工工艺的制订

数控车床是随着现代化工业发展的需求在普通车床的基础上发展起来的，其加工工艺、所用刀具等与普通车床同出一源，但不同的是数控车床的加工过程是按预先编制好的程序，在计算机的控制下自动执行的。

普通机床的加工工艺是由操作者操控机床一步一步实现的，数控机床的加工工艺是预先在所编制的程序中体现的，由机床自动实现。制订工艺是数控车削加工的前期工艺准备工作，工艺制订的合理与否，对程序编制、机床的加工效率和零件的加工精度都有重要影响。因此，应遵循一般的工艺原则并结合数控车床的特点认真而详细地制订好零件的数控车削加工工艺。其主要内容有：分析零件图纸、确定工件在车床上的装夹方式、各表面的加工顺序和刀具的进给路线以及刀具、夹具和切削用量的选择等。

数控车削在加工工艺的角度上与普通车削没有本质的区别，但由于两者所使用的设备不同，工艺特点也将有所不同，本节从这个角度对数控车削进行论述。

4.1.1　零件图工艺分析

分析零件图是工艺制订中的首要工作，它主要包括以下内容：

1. 结构工艺性分析

零件的结构工艺性是指零件对加工方法的适应性，即所设计的零件结构应便于加工成型。在数控车床上加工零件时，应根据数控车削的特点，认真审视零件结构的合理性。在结构分析时，若发现问题应向设计人员或有关部门提出修改意见。

2. 轮廓几何要素分析

在手工编程时，要计算每个基点坐标；在自动编程时，要对构成零件轮廓的所有几何元素进行定义。因此在分析零件图时，要分析几何元素的给定条件是否充分。由于设计等多方面的原因，可能在图样上出现构成加工轮廓的条件不充分、尺寸模糊不清及缺陷，增加了编程工作的难度，有的甚至无法编程。

3. 精度及技术要求分析

对被加工零件的精度及技术要求进行分析，是零件工艺性分析的重要内容，只有在分析零件尺寸精度和表面粗糙度的基础上，才能对加工方法、装夹方式、刀具及切削用量进行正确而合理的选择。

精度及技术要求分析的主要内容：一是分析精度及各项技术要求是否齐全、是否合理；二是分析本工序的数控车削加工精度能否达到图样要求，若达不到，需采取其他措施（如磨

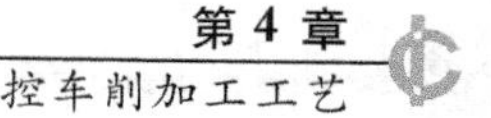

削）弥补的话，则应给后续工序留有余量；三是找出图样上有位置精度要求的表面，这些表面应在一次安装下完成；四是对表面粗糙度要求较高的表面，应确定用恒线速切削。

4.1.2 零件基准和加工定位基准的选择

1. 基准

由于车削和铣削的主切削运动、加工自由度及机床结构的差异，数控车床在零件基准和加工定位基准的选择上要比数控铣床和加工中心简单得多，没有太多的选择余地也没有过多的基准转换问题。

（1）设计基准。轴套类和轮盘类零件都属于回转体类，通常径向设计基准在回转体轴线上，轴向设计基准在工件的某一端面或几何中心处。

（2）加工定位基准。定位基准即加工基准。数控车床加工轴套类及轮盘类零件的加工定位基准只能是被加工件的外圆表面、内圆表面或零件端面中心孔。

（3）测量基准。机械加工件的精度要求包括尺寸精度、形状精度和位置精度。

尺寸精度可使用长度测量量具检测，形状误差和位置误差则要借助测量夹具和量具来完成，下面以工件径向跳动的测量方法和测量基准举例说明。

测量径向跳动误差时，测量方向应垂直于基准轴线。当实际基准表面形状误差较小时，可采用一对V形铁支撑被测工件，工件旋转一周，指示表上最大、最小读数之差即为径向圆跳动的误差。此种测量方法的测量基准是零件支撑处的外表面，测量误差中包含测量基准本身的形状误差和不同轴位置误差。使用两中心孔作为测量基准也是广泛应用的方法，此时应注意加工与测量应使用同一基准。

2. 定位基准的选择

定位基准的选择包括定位方式的选择和被加工件定位面的选择。轴类零件的定位方式通常是一端外圆固定，即用三爪卡盘、四爪卡盘或弹簧套固定工件的外圆表面，但此定位方式对工件的悬伸长度有一定限制，工件悬伸过长会在切削过程中产生变形，严重时将使切削无法进行。对于切削长度过长的工件可以采取一夹一顶或两顶尖定位，在装夹方式允许的条件下，定位面尽量选择几何精度较高的表面。

4.1.3 工序的确定

在数控车床上加工零件，应按工序集中的原则划分工序，在一次安装下尽可能完成大部分甚至全部表面的加工。根据零件的结构形状不同，通常选择外圆、端面或内孔、端面装夹，并力求设计基准、工艺基准和编程原点的统一。在批量生产中，常用下列两种方法划分工序。

1. 按零件加工表面划分

将位置精度要求较高的表面安排在一次安装下完成，以免多次安装所产生的安装误差影响位置精度。例如，某轴承内圈，其内孔对小端面的垂直度、滚道和大挡边对内孔回转中心的角度差以及滚道与内孔间的壁厚差均有严格的要求，精加工时划分成两道工序，用两台数控车床完成。第一道工序采用如图4-1(a)所示的以大端面和大外径装夹的方案，将滚道、小端面及内孔等安排在一次安装下车出，很容易地保证了上述的位置精度。第二道工序采用如图4-1(b)所示的以内孔和小端面装夹方案，车削大外圆和大端面。

2. 按粗、精加工划分

对毛坯余量较大和加工精度要求较高的零件，应将粗车和精车分开，划分成两道或更多

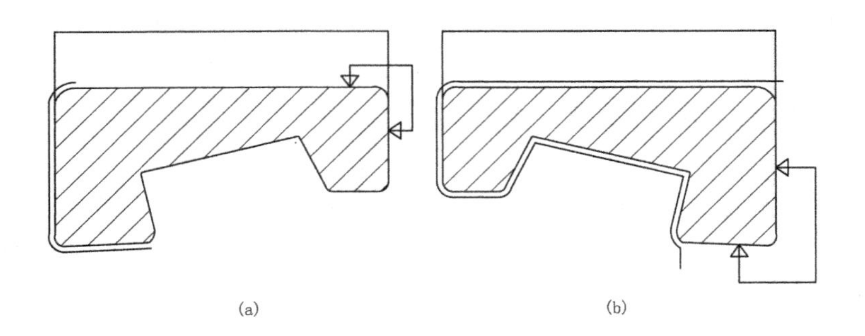

图 4-1 轴承内圈加工工序

的工序。将粗车安排在精度较低、功率较大的数控车床上，将精车安排在精度较高的数控车床上。

4.1.4 加工顺序的确定

在分析了零件图样和确定了工序、装夹方式之后，接下来即要确定零件的加工顺序（图 4-2）。制订零件车削加工顺序一般遵循下列原则：

1. 先粗后精

按照粗车—半精车—精车的顺序进行，逐步提高加工精度。粗车将在较短的时间内将工件表面上的大部分加工余量切掉，一方面应提高金属切除率，另一方面也应满足精车的余量均匀性要求。若粗车后所留余量的均匀性满足不了精加工的要求时，则要安排半精车，以此为精车作准备。精车要保证加工精度要求，按图样尺寸，一刀切出零件轮廓。

2. 先近后远

按加工部位相对于对刀点的距离大小而言的。在一般情况下，离对刀点远的部位后加工，以便缩短刀具移动距离，减少空行程时间。对于车削而言，先近后远还有利于保持坯件或半成品的刚性，改善其切削条件。

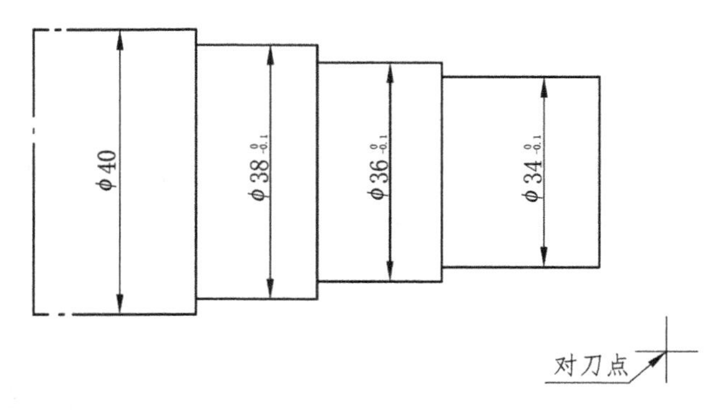

图 4-2 轴加工

3. 内外交叉

对既有内表面（内型、腔），又有外表面需加工的零件，安排加工顺序时，应先进行内外表面粗加工，后进行内外表面精加工。切不可将零件上一部分表面（外表面或内表面）加工完毕后，再加工其他表面（内表面或外表面）。

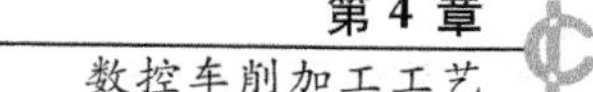

4. 走刀路径最短

确定走刀路线的工作重点,主要在于确定粗加工及空行程的走刀路线。

上述的原则也不是一成不变的,对于某些特殊的情况,则需要采取灵活可变的方案。如有的工件必须先精加工后粗加工才能保证其加工精度和质量。这些有赖于编程者实际加工经验的不断积累与学习。

4.1.5 进给路线的确定

确定进给路线的工作重点,主要在于确定粗加工及空行程的进给路线,而精加工切削过程的进给路线基本上都是沿其零件轮廓顺序进行。

进给路线泛指刀具从对刀点(或机床固定原点)开始运动起,直至返回该点并结束加工程序所经过的路径,包括切削加工的路径及刀具切入、切出等非切削空行程。

在保证加工质量的前提下,使加工程序具有最短的进给路线,不仅可以节省整个加工过程的执行时间,还能减少一些不必要的刀具消耗及机床进给机构滑动部件的磨损等。

实现最短的进给路线,除了依靠大量的实践经验外,还应善于分析,必要时可辅以一些简单计算。现将实践中的部分设计方法或思路介绍如下。

1. 最短的空行程路线

(1)巧用起刀点。如图 4-3(a)所示为采用矩形循环方式进行粗车的一般情况示例。其对刀点的设定是考虑到精车等加工过程中需方便地换刀,故设置在离坯件较远的位置处,同时将起刀点与其对刀点重合在一起,按三刀粗车的进给路线安排如下:

第一刀为 A→B→C→D→A

第二刀为 A→E→F→C→A

第三刀为 A→H→I→A

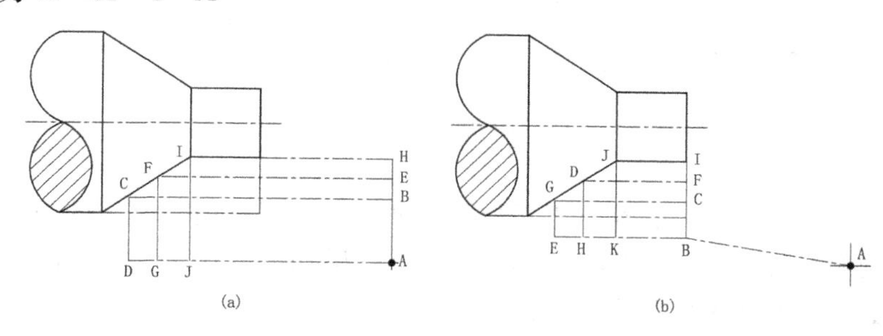

图 4-3 刀路起点

如图 4-3(b)所示则是巧将起刀点与对刀点分离,并设于图示 B 点位置,仍按相同的切削量进行三刀粗车,其进给路线安排如下:

起刀点与对刀点分离的空行程为 A→B

第一刀为 B→C→D→B

第二刀为 B→F→G→H→B

第三刀为 B→I→J→K→B

显然,如图 4-3(b)所示的进给路线短。该方法也可用在其他循环(如螺纹车削)切削的加工中。

(2)巧设换(转)刀点。为了考虑换(转)刀的方便和安全,有时将换(转)刀点也设置在离坯件较远的位置处(如图 4-3 中的 A 点),那么,当换第二把刀后,进行精车时的空行程路线必然也较长;如果将第二把刀的换刀点也设置在图 4-3(b)中的 B 点位置上,则可缩短空行程距离。

(3)合理安排"回零"路线。在手工编制较为复杂轮廓的加工程序时,为使其计算过程尽量简化,既不出错,又便于校核,编制者(特别是初学者)有时将每一刀加工完后的刀具终点通过执行"回零"(即返回对刀点)指令,使其全都返回到对刀点位置,然后再执行后续程序。这样会增加进给路线的距离,从而大大降低生产效率。因此,在合理安排"回零"路线时,应使其前一刀终点与后一刀起点间的距离尽量减短,或者为零,即可满足进给路线为最短的要求。另外,在选择返回对刀点指令时,在不发生加工干涉现象的前提下,宜尽量采用 X,Z 坐标轴双向同时"回零"指令,该指令功能的"回零"路线将是最短的。

2. 最短的切削进给路线

切削进给路线为最短,可有效地提高生产效率,降低刀具的损耗等。在安排粗加工或半精加工的切削进给路线时,应同时兼顾到被加工零件的刚性及加工的工艺性等要求,不要顾此失彼。

图 4-4 为粗车某零件时几种不同切削进给路线的安排示意图。其中图 4-4(a)表示利用数控系统具有的封闭式复合循环功能控制车刀沿着工件轮廓进行进给的路线,图 4-4(b)为利用其程序循环功能安排的"三角形"进给路线,图 4-4(c)为利用其矩形循环功能而安排的"矩形"进给路线。

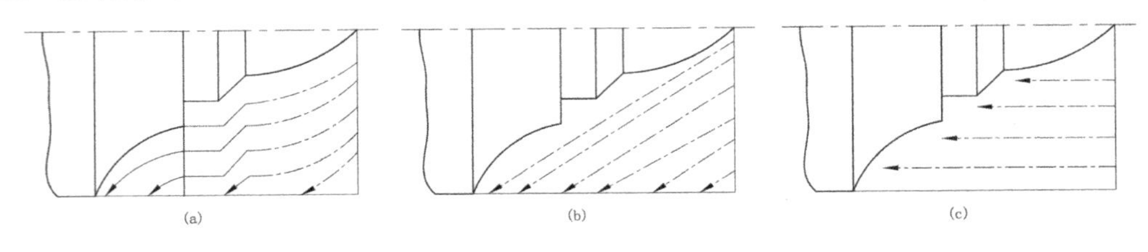

图 4-4 切削路线

对以上三种切削进给路线,经分析和判断后可知矩形循环进给路线的进给长度总和最短。因此,在同等条件下,其切削所需时间(不含空行程)最短,刀具的损耗最少。

3. 大余量毛坯的阶梯切削进给路线

如图 4-5 所示为车削大余量工件两种加工路线,其中,图 4-5(a)是错误的阶梯切削路线,图 4-5(b)按 1～5 的顺序切削,每次切削所留余量相等,是正确的阶梯切削路线。在同样背吃刀量的条件下,按图 4-5(a)的方式加工所剩的余量过多。

根据数控车床加工的特点,还可以放弃常用的阶梯车削法,改用依次从轴向和径向进刀,顺工件毛坯轮廓进给的路线。

4. 完工轮廓的连续切削进给路线

在安排可以一刀或多刀进行的精加工工序时,其零件的完工轮廓应由最后一刀连续加工而成,这时加工刀具的进、退刀位置要考虑妥当,尽量不要在连续的轮廓中安排切入和切出或换刀及停顿,以免因切削力突然变化而造成弹性变形,致使光滑连接轮廓上产生表面划伤、形状突变或滞留刀痕等缺陷。

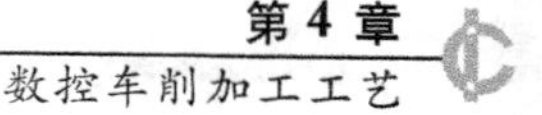

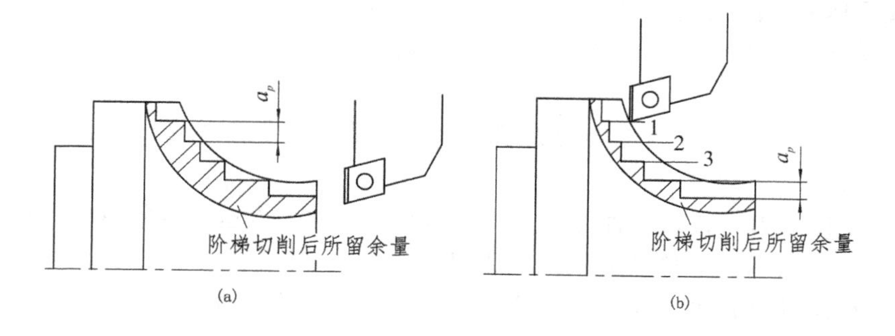

图 4-5　大余量毛坯的阶梯切削路线

5. 特殊的进给路线

在数控车削加工中，一般情况下，Z 坐标轴方向的进给运动都是沿着负方向进给的，但有时按其常规的负方向安排进给路线并不合理，甚至可能车坏工件。

例如当采用尖形车刀加工大圆弧内表面零件时，安排两种不同的进给方法，如图 4-6 所示，其结果也不相同。对于图 4-6(a)所示的第一种进给方法($-Z$ 走向)，因尖形车刀的主偏角为 100°～105°，这时切削力在 X 向的较大分力 F_p 将沿着图 4-6(a)所示的 $-X$ 方向作用，当刀尖运动到圆弧的换象限处，即由 $-Z$、$-X$ 向 $-Z$、$-X$ 变换时，吃刀抗力 F_p 与传动横拖板的传动力方向相同，若螺旋副间有机械传动间隙，就可能使刀尖嵌入零件表面(即扎刀)，其嵌入量在理论上等于其机械传动间隙量 e。即使该间隙量很小，由于刀尖在 X 方向换向时，横向拖扳进给过程的位移量变化也很小，加上处于动摩擦与静摩擦之间呈过渡状态的拖板惯性的影响，仍会导致横向拖板产生严重的爬行现象，从而大大降低零件表面质量。

对于图 4-6(b)所示的第二种进给方法，因为尖刀运动到圆弧的换象限处，即由 $-Z$、$-X$向 $-Z$、$-X$ 方向变换时，吃刀抗力 F_p 与丝杠传动横向拖板的传动力方向相反，不会受螺旋副机械传动间隙的影响而产生嵌刀现象，所以图 4-6(b)所示进给方案是较合理的。

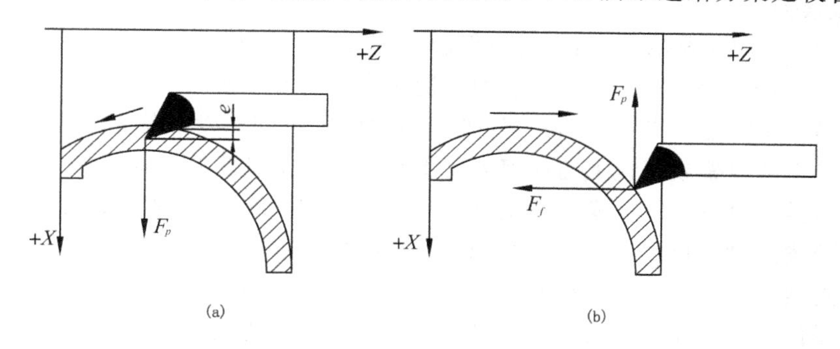

图 4-6　尖形车刀加工大圆弧内表面

此外，在车削余量较大的毛坯和车削螺纹时，都有一些多次重复进给的动作，且每次进给的轨迹相差不大，这时进给路线的确定可采用系统固定循环功能。

4.1.6　退刀与换刀

1. 退刀路线

数控机床加工过程中，为了提高加工效率，刀具从起始点或换刀点运动到接近工件部位及加工完成后退回起始点或换刀点是以 G00 方式(快速)运动的。

根据刀具加工零件部位的不同,退刀的路线确定方式也不同,车床数控系统提供三种退刀方式。

(1)斜线退刀方式。斜线退刀方式路线最短,适用于加工外圆表面的偏刀退刀,如图 4-7(a)所示。

(2)径—轴向退刀方式。这种退刀方式是刀具先径向垂直退刀,到达指定位置时再轴向退刀,如图 4-7(b)所示。切槽即采用此种退刀方法。

(3)轴—径向退刀方式。轴—径向退刀方式的顺序与径—轴向退刀方式恰好相反,如图 4-7(c)所示。镗孔即采用此种退刀方式。

数控系统除按指定的退刀方式退刀外,还可用 G00 指令编制退刀路线,原则是:第一是考虑安全性,即在退刀过程中不能与工件发生碰撞;第二是考虑使退刀路线最短。相比之下安全是第一位的。

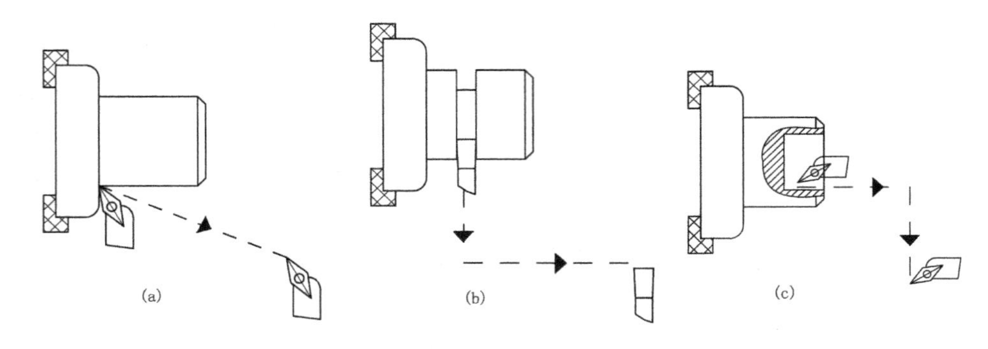

图 4-7　退刀路线

2. 换刀

(1)设置换刀点

数控车床的刀盘结构有两种:一是刀架前置,其结构同普通车床相似,经济型数控车床多采用这种结构,另一种是刀盘后置,这种结构是中高档数控车床常采用的。

换刀点是一个固定的点,它不随工件坐标系的位置改变而发生位置变化。换刀点最安全的位置是换刀时刀架或刀盘上的任何刀具不与工件发生碰撞的位置,如工件在第三象限,刀盘上所有刀具在第一象限。换句话说,换刀点轴向位置(Z 轴)由轴向最长的刀具(如内孔镗刀、钻头等)确定,换刀点径向位置(X 轴)由径向最长刀具(如外圆刀、切刀等)决定。

这种设置换刀点方式的优点是安全、简便,在单件及小批量生产中经常采用,缺点是增加了刀具到零件加工表面的运动距离,降低了加工效率,也加大了机床磨损,大批量生产时往往不采用这种设置换刀点的方式。

(2)跟随式换刀

在批量生产时,为缩短空走刀路线,提高加工效率,在某些情况下可以不设置固定的换刀点,每把刀有其各自不同的换刀位置。这里应遵循的原则是:第一,确保换刀时刀具不与工件发生碰撞;第二,力求最短的换刀路线,即采用所谓的“跟随式换刀”。

跟随式换刀不使用机床数控系统提供的回换刀点的指令,而使用 G00 快速定位指令。

这种换刀方式的优点是能够最大限度地缩短换刀路线,但每一把刀具的换刀位置要经

过仔细计算，以确保换刀时刀具不与工件碰撞。跟随式换刀常应用于被加工工件有一定批量、使用刀具数量较多、刀具类型多、径向及轴向尺寸相差较大时。

跟随式换刀时，每把刀具有各自的换刀点，设置换刀点时只考虑换下一把刀具是否与工件发生碰撞，而不用考虑刀盘上所有刀具是否与工件发生碰撞，即换刀点位置只参考下一把刀具，但这样做的前提是刀盘上的刀具是按加工工序顺序排列的。调试时从第一把刀具开始，具体有以下两种方法：

第一种方法是：直接在机床上调试。这种方法的优点是直观，缺点是增加了机床的辅助时间。第二把外圆刀的安装位置与第一把外圆刀的安装位置不会完全重合。以第一把刀刀尖作为 ΔX、ΔZ 的坐标原点，比较第二把刀的刀尖与第一把刀的刀尖位置差和方向，在换第二把刀时，第一把刀所在的位置应该是刀尖距工件的加工部位最近点再叠加上第二把刀尖与第一把刀尖的差值 ΔX、ΔZ。举例说明，第一把刀离工件的加工部位最近点是 $X=20$、$Z=1$，第二把刀的刀尖位置与第一把刀的刀尖位置差值为 $\Delta X=-1$、$\Delta Z=1$。则第一把刀的换刀点位置是 $X=21$、$Z=1$，这样每把刀具都有各自的换刀点，以保证按加工顺序换刀时，刀具不会与工件发生碰撞，而新换刀具的位置又离加工位置最近，程序中所有刀具都离各自加工部位最近点换刀，从而缩短了刀具的空行程，提高了加工效率，这在批量生产中经常使用。

第二种方法是：使用机外对刀仪对刀。这种方法可直接得出程序中所有使用刀具的刀尖位置差。换刀点可根据对刀仪测得数据按上述方法直接计算，写入程序。但如果计算错误就会导致换刀时刀具与工件发生碰撞，轻则损坏刀具、工件，重则机床严重受损。

使用跟随式换刀方式，换刀点位置的确定与刀具的安装参数有关。如果加工过程中更换刀具，刀具的安装位置改变，程序中有关的换刀点也要修改。

(3)排刀法

在数控车的生产实践中，为缩短加工时间、提高生产效率，针对特定几何形状和尺寸的工件常采用所谓的“排刀法”。这种刀具排列方式的好处是在换刀时，刀盘或刀塔不需要转动，是一种加工效率很高的安排走刀路线的方法。

使用排刀法时，程序与刀具位置有关。一种编程方法是使用变换坐标系指令，为每一把刀具设立一个坐标系；另一种方法是所有刀具使用一个坐标系，刀具的位置差由程序坐标系补偿，但刀具一旦磨损或更换就要根据刀尖实际位置重新调整程序，十分麻烦。

4.1.7 切削用量的选择

1. 选择切削用量的一般原则

(1)粗车时切削用量的选择。粗车时一般以提高生产率为主，兼顾经济性和加工成本。提高切削速度、加大进给量和切削深度都能提高生产率。其中切削速度对刀具寿命的影响最大，切削深度对刀具寿命的影响最小，所以考虑粗加工切削用量时首先应选择一个尽可能大的切削深度，其次选择较大的进给速度，最后在刀具使用寿命和机床功率允许的条件下选择一个合理的切削速度。

(2)精车、半精车时切削用量的选择。精车和半精车的切削用量要保证加工质量，兼顾生产率和刀具使用寿命。精车和半精车的切削深度是根据零件加工精度和表面粗糙度要求及粗车后留下的加工余量决定的，一般情况是一次去除余量。

精车和半精车的切削深度较小，产生的切削力也较小，所以可在保证表面粗糙度的情况下适当加大进给量。

2. 背吃刀量的确定

在工艺系统刚性和机床功率允许、可以使用最大有效切削刃长度的条件下，尽可能选取较大的背吃刀量，以减少进给次数。当零件的精度要求较高时，则应考虑适当留出精车余量，其所留精车余量一般比普通车削时所留余量少，常取0.1～0.5mm。

3. 主轴转速的确定

(1)光车时主轴转速。光车时主轴转速应根据零件上被加工部位的直径，并按零件和刀具的材料及加工性质等条件所允许的切削速度来确定。切削速度除了计算和查表选取外，还可根据实践经验确定。需要注意的是交流变频调速数控车床低速输出力矩小，因而切削速度不能太快。

(2)车螺纹时主轴转速。在切削螺纹时，车床的主轴转速将受到螺纹的螺距(或导程)大小、驱动电动机的升降频特性及螺纹插补运算速度等多种因素影响，故对于不同的数控系统，推荐不同的主轴转速选择范围。

4. 进给速度的确定

进给速度是指在单位时间内，刀具沿进给方向移动的距离(单位为mm/min)。有些数控车床规定可以选用进给量(单位为mm/r)表示进给速度。

(1)确定进给速度的原则

①当工件的质量要求能够得到保证时，为提高生产率，可选择较高(2000mm/min以下)的进给速度。

②切断、车削深孔或精车削时，宜选择较低的进给速度。

③刀具空行程，特别是远距离“回零”时，可以设定尽量高的进给速度。

④进给速度应与主轴转速和背吃刀量相适应。

(2)进给速度的计算

①单向进给速度的计算。单向进给速度包括纵向进给速度和横向进给速度，其值可按下式计算。式中的进给量，粗车时一般取0.3～0.8mm/r，精车时常取0.1～0.3mm/r，切断时常取0.05～0.2mm/r。

$$f_v = n \times f_r$$

式中：f_v 为进给速度；n 为主轴转速；f_r 为进给量。

②合成进给速度的计算。合成进给度是指刀具作合成(斜线及圆弧插补等)运动时的进给速度，如加工斜线及圆弧等轮廓零件时，这时刀具的进给速度由纵、横两个坐标轴同时运动的速度决定。由于计算合成进给速度的过程比较繁琐，所以，除特别需要外，在编制加工程序时，大多凭实践经验或通过试切确定速度值。

5. 车削常用切削用量

车床加工中的切削用量包括：背吃刀量、主轴转速或切削速度(用于恒线速切削)、进给速度或进给量。数控车床加工的切削用量与普通车床加工的切削用量基本上是一致的，主要受刀具材料的影响，可以参考附录A中常用车削加工切削用量表。

4.1.8 加工工艺文件

数控加工工艺文件不仅是进行数控加工和产品验收的依据，也是需要操作者遵守和执行的规程，同时还为产品零件重复生产积累了必要的工艺资料，进行技术储备。这些由工艺人员做出的工艺文件是编程员在编制加工程序单时，所依据的相关技术文件。编写数控加工工艺文件也是数控加工工艺设计的内容之一。

不同的数控机床，工艺文件的内容也有所不同。一般来讲，工艺文件应包括：

(1)编程任务书。

(2)数控加工工序卡片。

(3)数控机床调整单。

(4)数控加工刀具卡片。

(5)数控加工进给路线图。

(6)数控加工程序单。

其中以数控加工工序卡片和数控加工刀具卡片最为重要，前者是说明数控加工顺序和加工要素的文件，后者是刀具使用的依据。

为了加强技术文件管理，数控加工工艺文件也应向标准化、规范化方向发展。但目前尚无统一的国家标准，各企业可根据本部门的特点制订上述有关工艺文件。

4.2 夹具与刀具的选择

4.2.1 夹具的选择

夹具用来装夹被加工工件以完成加工过程，同时要保证被加工工件的定位精度，并使装卸尽可能方便、快捷。数控车床通用夹具与普通车床及专用车床相同。车床夹具可分为通用夹具和专用夹具两大类。通用夹具是指能够装夹两种或两种以上工件的同一夹具，例如车床上的三爪卡盘、四爪卡盘、弹簧卡套和通用心轴等；专用夹具是专门为加工某一指定工件的某一工序而设计的夹具。专用夹具是针对通用夹具无法装夹的某一工件或工序而设计的。选择夹具时通常先考虑选用通用夹具，这样可避免制造专用夹具。合理选用夹具或者设计专用夹具有利于：

(1)保证产品质量。被加工工件的某些加工精度是由机床夹具来保证的。夹具应能提供合适的夹紧力，既不能因为夹紧力过小导致被加工件在切削过程中松动，又不能因夹紧力过大而导致被加工工件变形或损坏工件表面。

(2)提高加工效率。夹具应能方便被加工件的装卸，例如采用液压装置能使操作者降低劳动强度，同时节省机床辅助时间，达到提高加工效率的目的。

(3)解决车床加工中的特殊装夹问题。对于不能使用通用夹具装夹的工件通常需要设计专用夹具。

(4)扩大机床的使用范围。使用专用夹具可以完成非轴套、非轮盘类零件的孔、轴、槽和螺纹等的加工，可扩大机床的使用范围。

在车床加工中大多数情况是使用工件或毛坯的外圆定位。常用的夹具有以下几种：

1. 三爪卡盘

三爪卡盘是最常用的车床通用卡具，三爪卡盘最大的优点是可以自动定心，夹持范围大，但定心精度存在误差，不适于同轴度要求高的工件的二次装夹。三爪卡盘常见的有机械式和液压式两种。液压卡盘装夹迅速、方便，但夹持范围变化小，尺寸变化大时需重新调整卡爪位置。数控车床经常采用液压卡盘，液压卡盘还特别用于批量加工。

2. 软爪

由于三爪卡盘定心精度不高，当加工同轴度要求高的工件二次装夹时，常常使用软爪。软爪是一种具有切削性能的夹爪。软爪是在使用前配合被加工工件特别制造的，加工软爪时要注意以下几方面的问题：

(1)软爪要在与使用时相同的夹紧状态下加工，以免在加工过程中松动和由于反向间隙而引起定心误差。加工软爪内定位表面时，要在软爪尾部夹紧一适当的棒料，以消除卡盘端面螺纹的间隙。

(2)当被加工件以外圆定位时，软爪内圆直径应与工件外圆直径相同，略小更好，如图4-8(a)所示，其目的是消除夹盘的定位间隙，增加软爪与工件的接触面积。软爪内径大于工件外径会导致软爪与工件形成三点接触，如图 4-8(b)所示，此种情况接触面积小，夹紧牢固程度差，应尽量避免。软爪内径过小会形成六点接触，如图 4-8(c)所示，一方面会在被加工表面留下压痕，同时也会使软爪接触面变形。软爪也有机械式和液压式两种。软爪常用于加工同轴度要求较高的工件的二次装夹。

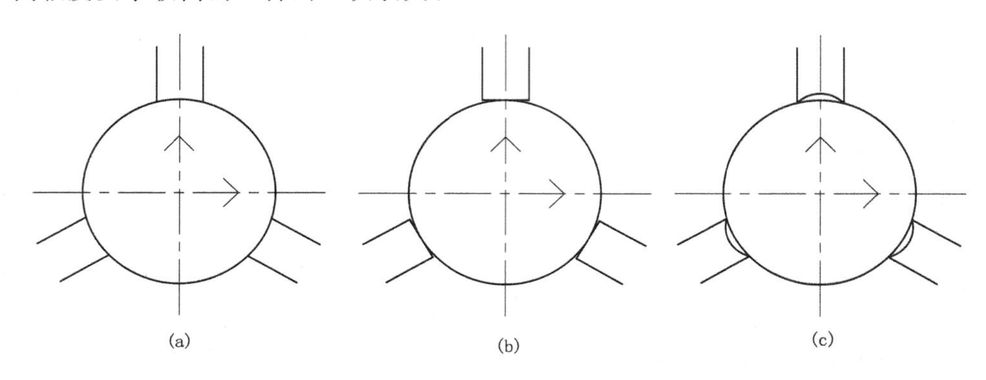

图 4-8 软爪内径

3. 弹簧夹套

弹簧夹套定心精度高，装夹工件快捷方便，常用于精加工的外圆表面定位。弹簧夹套特别适用于尺寸精度较高、表面质量较好的冷拔圆棒料，若配以自动送料器，可实现自动上料。弹簧夹套夹持工件的内孔是标准系列，并非任意直径。

4. 四爪卡盘

加工精度要求不高、偏心距较小、零件长度较短的工件时，可采用四爪卡盘。

5. 两顶尖拨盘

两顶尖定位的优点是定心正确可靠，安装方便。顶尖作用是定心、承受工件的重量和切削力。顶尖分前顶尖和后顶尖。

前顶尖一种是插入主轴锥孔内的，如图 4-9(a)所示，另一种是夹在卡盘上的，如图 4-9(b)所示。前顶尖与主轴一起旋转，与主轴中心孔不产生摩擦。

后顶尖插入尾座套筒，一种是固定的，另一种是回转的。回转顶尖使用较为广泛。

工件安装时用对分夹头或鸡心夹头夹紧工件一端，拨杆伸向端面。两顶尖只对工件有定心和支撑作用，必须通过对分夹头或鸡心夹头的拨杆带动工件旋转，如图 4-10 所示。利用两顶尖定位还可加工偏心工件，如图 4-11 所示。

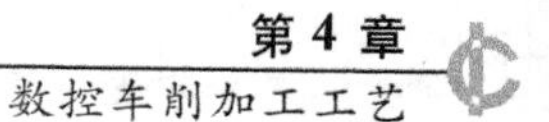

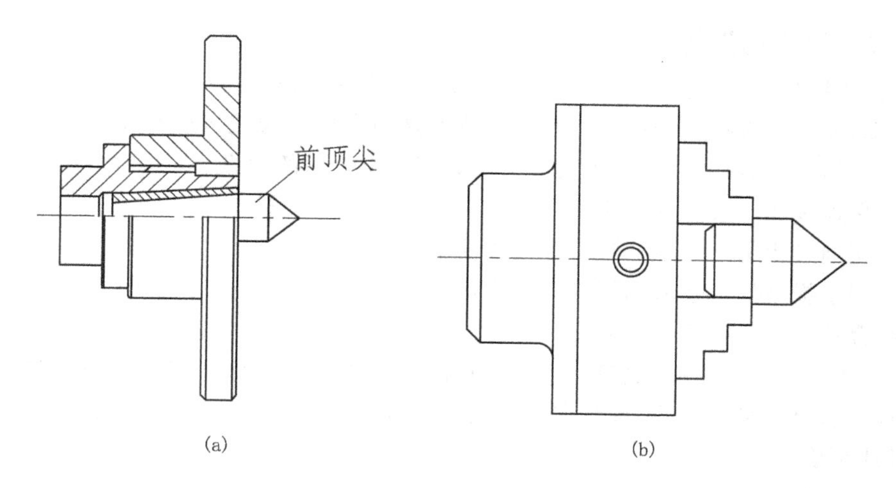

图 4-9　前顶尖

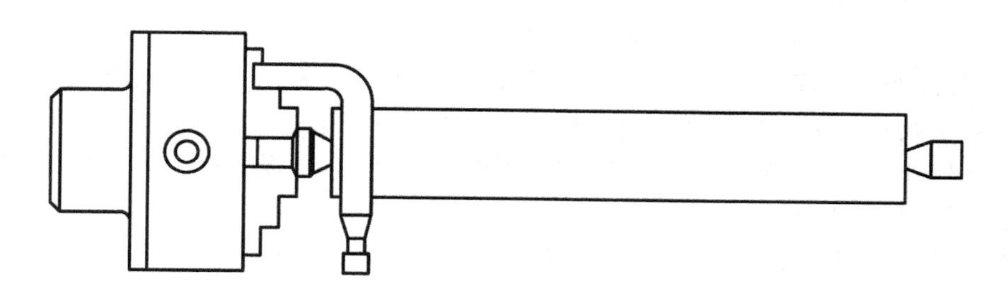

图 4-10　两顶尖装夹

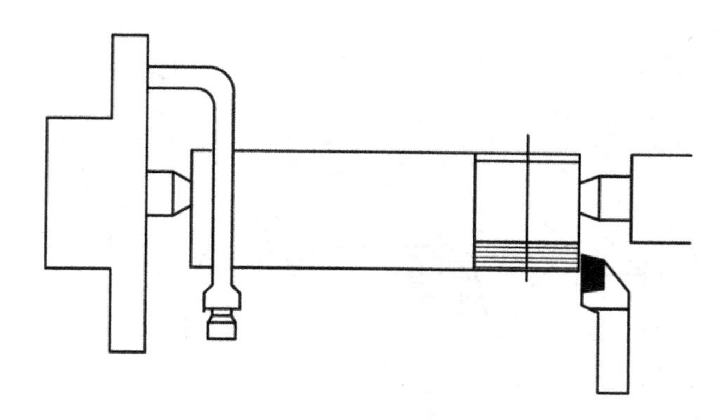

图 4-11　偏心轴加工

6. 拨动顶尖

常用的拨动顶尖有内、外拨动顶尖和端面拨动顶尖两种。

(1)内、外拨动顶尖。这种顶尖的锥面带齿,能嵌入工件,拨动工件旋转。

(2)端面拨动顶尖。这种顶尖利用端面拨爪带动工件旋转,适合装夹工件的直径为 50～150mm。

4.2.2 刀具的选择

刀具的选择是数控加工工艺设计中的重要内容之一。刀具选择合理与否不仅影响机床的加工效率，而且还直接影响加工质量。选择刀具通常要考虑机床的加工能力、工序内容、工件材料等因素。选择刀具类型主要应考虑如下几个方面的因素：

(1)一次连续加工表面尽可能多。

(2)在切削过程中刀具不能与工件轮廓发生干涉。

(3)有利于提高加工效率和加工表面质量。

(4)有合理的刀具强度和耐用度。

与传统的车削方法相比，数控车削对刀具的要求更高。不仅要求精度高、刚度好、耐用度高，而且要求尺寸稳定、安装调整方便。这就要求采用新型优质材料制造数控加工刀具，并优选刀具参数。

1. 车刀的种类

由于工件材料、生产批量、加工精度以及机床类型、工艺方案的不同，车刀的种类也异常繁多。根据与刀体的联接固定方式的不同，车刀主要可分为焊接式与机械夹固式两大类。

(1)焊接式车刀。将硬质合金刀片用焊接的方法固定在刀体上称为焊接式车刀。这种车刀的优点是结构简单，制造方便，刚性较好。缺点是由于存在焊接应力，使刀具材料的使用性能受到影响，甚至出现裂纹。另外，刀杆不能重复使用，硬质合金刀片不能充分回收利用，造成刀具材料的浪费。

根据工件加工表面以及用途不同，焊接式车刀又可分为切断刀、外圆车刀、端面车刀、内孔车刀、螺纹车刀以及成形车刀等，如图 4-12 所示。

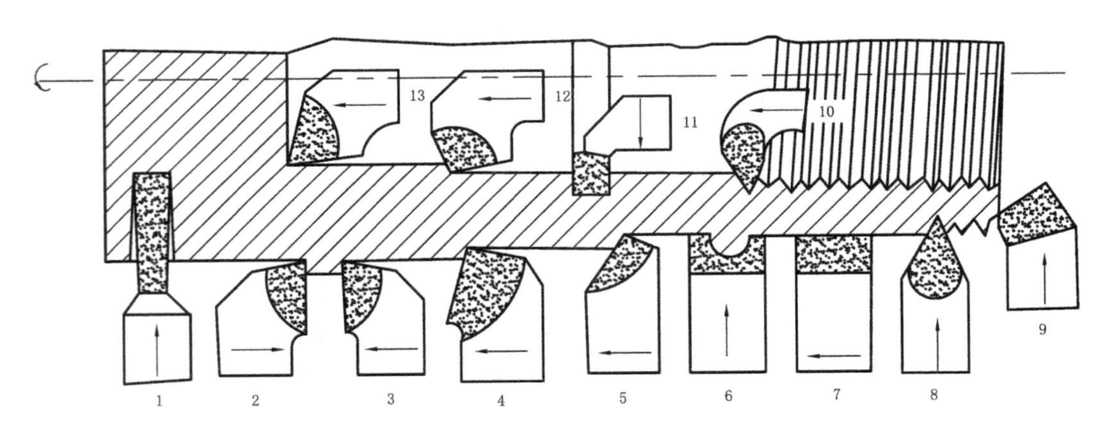

1—切断刀 2—右偏刀 3—左偏刀 4—弯头车刀 5—直头车刀 6—成形车刀 7—宽刃精车刀 8—外螺纹车刀 9—端面车刀 10—内螺纹车刀 11—内槽车刀 12—通孔车刀 13—盲孔车刀

图 4-12 焊接式车刀

(2)机夹可转位车刀。如图 4-13 所示，机械夹固式可转位车刀由刀杆 1、刀片 2、刀垫 3 以及夹紧元件 4 组成。刀片每边都有切削刃，当某切削刃磨损钝化后，只需松开夹紧元件，将刀片转一个位置便可继续使用。

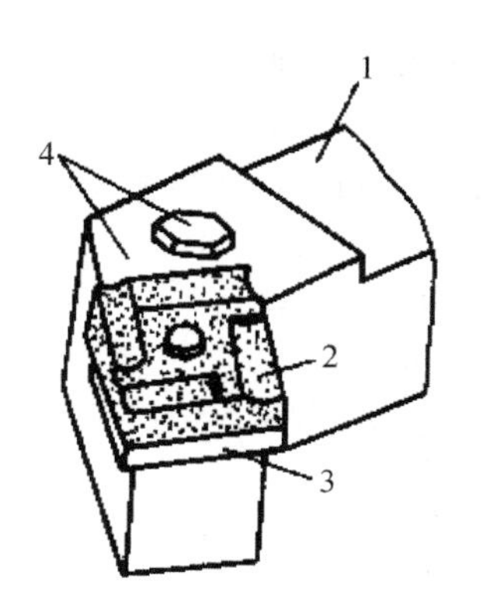

图 4-13　机夹可转位车刀

2. 车刀类型和刀片的选择

数控车削常用的车刀一般分为三类，即尖形车刀、圆弧形车刀和成型车刀。

(1)尖形车刀。以直线形切削刃为特征的车刀一般称为尖形车刀。这类车刀的刀尖(同时也为其刀位点)由直线形的主、副切削刃构成，如 90°内、外圆车刀，左、右端面车刀，切槽(断)车刀及刀尖倒棱很小的各种外圆和内孔车刀。

用这类车刀加工零件时，其零件的轮廓形状主要由一个独立的刀尖或一条直线形主切削刃位移后得到，它与另两类车刀加工时所得到零件轮廓形状的原理是截然不同的。

(2)圆弧形车刀。圆弧形车刀是较为特殊的数控加工用车刀。其特征是，构成主切削刃的刀刃形状为一圆度误差或轮廓误差很小的圆弧，该圆弧上的每一点都是圆弧形车刀的刀尖，因此，刀位点不在圆弧上，而在该圆弧的圆心上，车刀圆弧半径理论上与被加工零件的形状无关，并可按需要灵活确定或经测定后确认。

当某些尖形车刀或成型车刀(如螺纹车刀)的刀尖具有一定的圆弧形状时，也可作为这类车刀使用。

圆弧形车刀可以用于车削内、外表面，特别适宜于车削各种光滑连接(凹形)的成形面。

(3)成型车刀。成型车刀俗称样板车刀，其加工零件的轮廓形状完全由车刀刀刃的形状和尺寸决定。数控车削加工中，常见的成型车刀有小半径圆弧车刀、非矩形车槽刀和螺纹车刀等。在数控加工中，应尽量少用或不用成型车刀，当确有必要选用时，则应在工艺文件或加工程序单上进行详细说明。

3. 机夹可转位车刀的选用

为了减少换刀时间和方便对刀，便于实现机械加工的标准化，数控车削加工时应尽量采用机夹刀和机夹刀片。

(1)刀片材质的选择。车刀刀片的材料主要有高速钢、硬质合金、涂层硬质合金、陶瓷、立方氮化硼和金刚石等。其中应用最多的是高速钢、硬质合金和涂层硬质合金刀片。高速钢通常是型坯材料，韧性较硬质合金好，硬度、耐磨性和红硬性较硬质合金差，不适于切削硬度较高的材料，也不适于进行高速切削。高速钢刀具使用前需生产者自行刃磨，且刃磨方便，适于各种特殊需要的非标准刀具。硬质合金刀片和涂层硬质合金刀片切削性能优异，在数控车削中被广泛使用。硬质合金刀片有标准规格系列，具体技术参数和切削性能由刀具生产厂家提供。选择刀片材质，主要依据被加工工件的材料、被加工表面的精度、表面质量要求、切削载荷的大小以及切削过程中有无冲击和振动等。

(2)刀片尺寸的选择。刀片尺寸的大小取决于必要的有效切削刃长度，有效切削刃长度与背吃刀量 α_p 和车刀的主偏角 κ_r 有关(图 4-14)，使用时可查阅有关刀具手册选取。

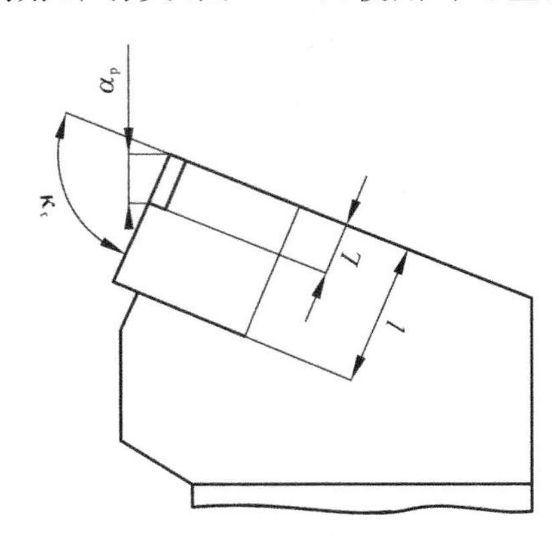

图 4-14　切削刃长度

(3)刀片形状的选择。刀片形状主要依据被加工工件的表面形状、切削方法、刀具寿命和刀片的转位次数等因素选择。刀片是机夹可转位车刀的一个最重要组成元件。按照国标 GB2076—87，大致可分为带圆孔、带沉孔以及无孔三大类。形状有三角形、正方形、五边形、六边形、圆形以及菱形等共 17 种。如图 4-15 所示为常见的几种刀片形状及角度，如表 4-1 所示为被加工表面形状及适用的刀片形状。

表 4-1　被加工表面形状及适用的刀片形状

车削外圆	主偏角	45°	45°	60°	75°	95°
	加工示意图	45°	45°	60°	75°	95°
车削端面	主偏角	75°	90°	90°	95°	
	加工示意图	75°	90°	90°	95°	
削成形面	主偏角	15°	45°	60°	90°	
	加工示意图	15°	45°	60°	90°	

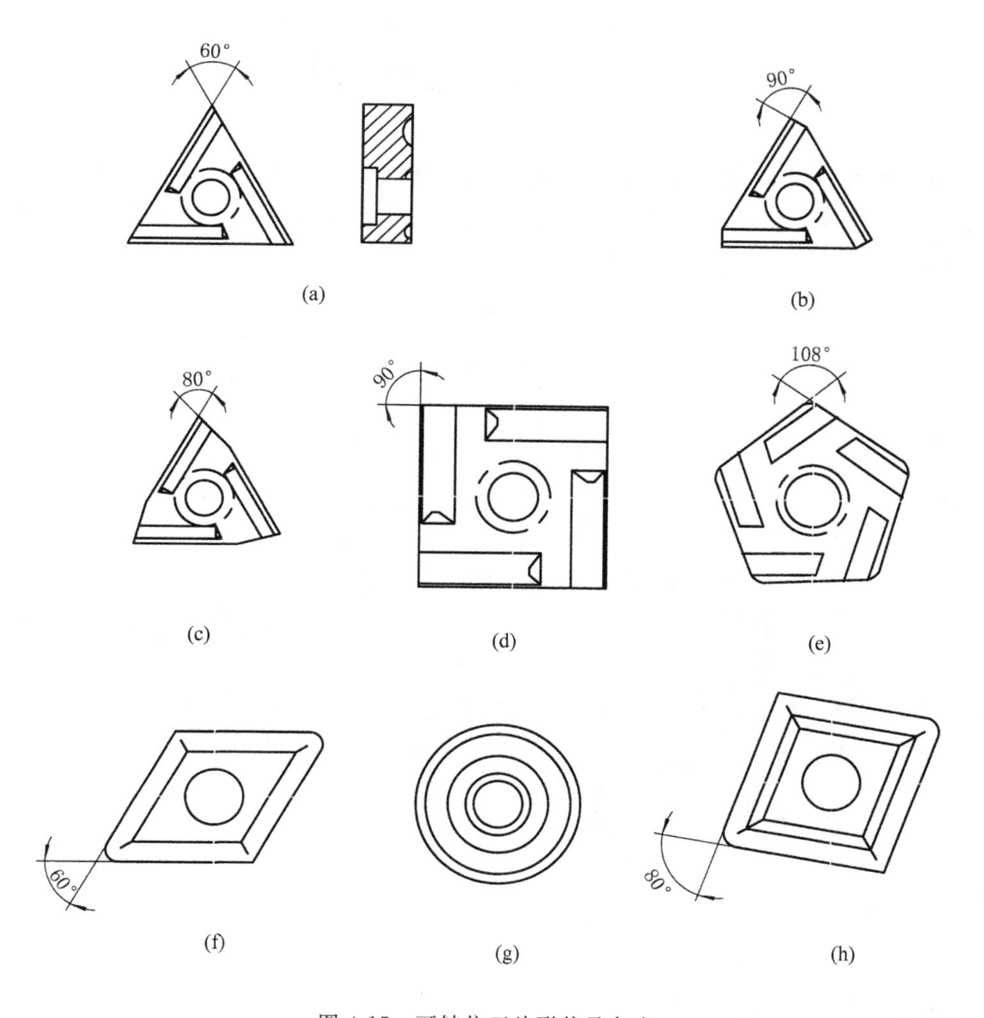

图 4-15 可转位刀片形状及角度

4.2.3 刀具半径补偿

在数控切削加工中，为了提高刀尖的强度，降低加工表面粗糙度，刀尖处呈圆弧过渡刃。在车削内孔、外圆或端面时，刀尖圆弧不影响其尺寸、形状。在切削锥面或圆弧时，就可能会造成过切或少切现象。在实际加工中，一般数控装置都有刀具半径补偿功能，为编制程序提供了方便。有刀具半径补偿功能的数控系统，编程时不必计算刀具中心的运动轨迹，只按零件轮廓编程即可。使用刀具半径补偿指令，并在控制面板上手工输入刀具半径，数控装置便能自动地计算出刀具中心轨迹，并按刀具中心轨迹运动，即执行刀具半径补偿后，刀具自动偏离工件轮廓一个刀具半径值，从而加工出所要求的工件轮廓。

但有些简易数控系统不具备半径补偿功能，因此当零件精度要求较高且又有圆锥或圆弧表面时，要么按刀尖圆弧中心编程，要么在局部进行补偿计算，以消除刀尖半径引起的误差。

4.3 数控车工艺分析实例

下面以在 MT-50 数控车床上加工一典型轴套类零件的一道工序为例说明其数控车削加工工艺设计过程。图 4-16 为本工序的工序图，图 4-17 为该零件进行本工序数控加工前的工序图。

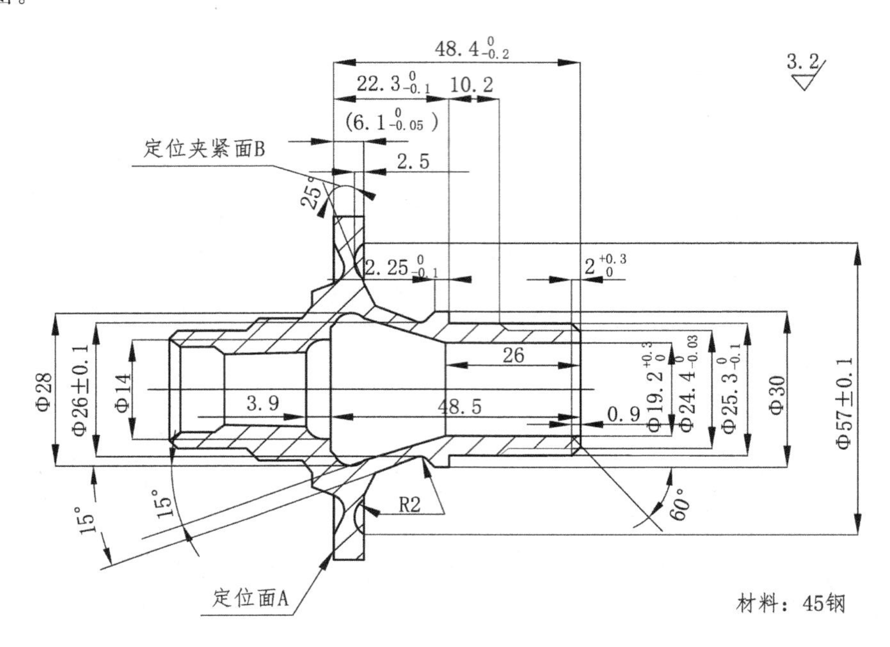

图 4-16　轴套零件图

4.3.1 零件工艺分析

由图 4-16 可知，本工序加工的部位较多，精度要求较高，且工件壁薄易变形。

从结构上看，该零件由内、外圆柱面、内、外圆锥面、平面及圆弧等所组成，结构形状较复杂，很适合数控车削加工。

从尺寸精度上看，$\phi 24.4^{0}_{-0.03}$ mm 和 $\phi 6.1^{0}_{-0.05}$ mm 两处加工精度要求较高，需仔细对刀并认真调整机床。此外，工件外圆锥面上有几处 $R2$mm 圆弧面，由于圆弧半径较小，可直接用成型刀车削而不用圆弧插补程序切削，这样既可减小编程工作量，又可提高切削效率。

此外，该零件的轮廓要素描述、尺寸标注均完整，且尺寸标注有利于定位基准与编程原点的统一，便于编程加工。

4.3.2 确定装夹方案

为了使工序基准与定位基准重合，减小本工序的定位误差，并敞开所有的加工部位，选择 A 面和 B 面分别为轴向和径向定位基础，以 B 面为夹紧表面。由于该工件属薄壁易变形件，为减少夹紧变形，采用包容式软爪。这种软爪其底部的端齿在卡盘（液压或气动卡盘）上定位，能保持较高的重复安装精度。为了加工中对刀和测量的方便，可以在软爪上设定一个

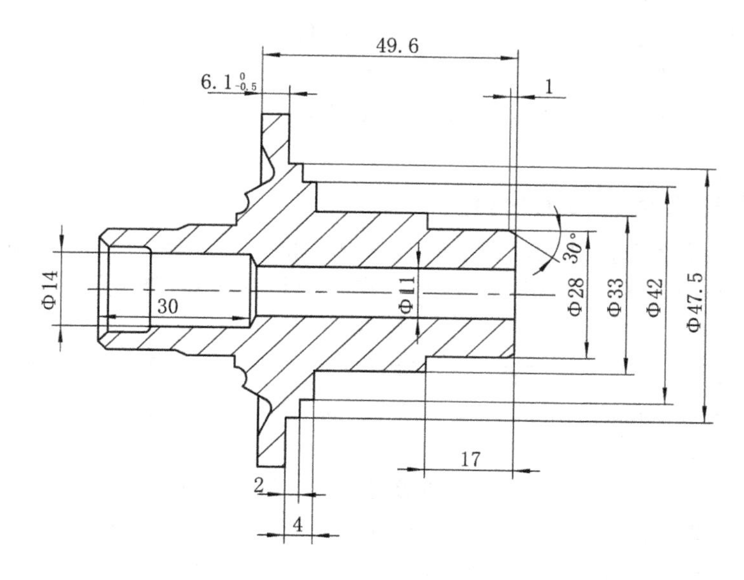

图 4-17 加工前工序简图

基准面，这个基准面是在数控车床上加工软爪的径向夹持表面和轴向支承表面时一同加工出来的。基准面至轴向支承面的距离可以控制很准确。

4.3.3 确定加工顺序及进给路线

由于该零件比较复杂，加工部位比较多，因而需采用多把刀具才能完成切削加工。根据加工顺序和切削加工进给路线的确定原则，本零件具体的加工顺序和进给路线确定如下：

(1)粗车外表面。由于是粗车，可选用一把刀具将整个外表面车削成形。

(2)半精车外锥面 25°、15°两圆锥面及三处 $R2$mm 的过渡圆弧。共用一把成型刀车削。

(3)粗车内孔端部。

(4)钻削内孔深部。

注：(3)、(4)两个工步均为对内孔表面进行粗加工，加工内容相同，一般可合并为一个工步，或用车削或用钻削，此处将其划分成两个工步的原因是因为：在夹持部位较远的孔端部安排一个车削工步可减小切削变形，车削力比钻削力小，在孔深处安排一钻削工步可提高加工效率，因为钻削效率比车削高，且切屑易于排出。

(5)粗车内锥面及半精车其余内表面。其具体加工内容为半精车 ϕ19mm 内圆、$R2$mm 圆弧面及左侧内表面，粗车 15°内圆锥内。由于内锥面需切余量较多，故一共进给四次，每两次进给之间都安排一次退刀停车，以便操作者及时钩除孔内切屑。

(6)精车外圆柱面及端面。依次加工右端面，ϕ24.385mm、ϕ25.25mm、ϕ30mm 外圆及 $R2$mm 圆弧，倒角和台阶面。

(7)精车 25°外圆锥面及 $R2$mm 圆弧面。用带 $R2$mm 的圆弧车刀，精车外圆锥面。

(8)精车 15°外圆锥面及 $R2$mm 圆弧面。程序中同样在软爪基准面进行选择性对刀，但应注意的是受刀具圆弧 $R2$mm 制造误差的影响，对刀后不一定能满足图 4-17 中的尺寸 2.25mm的公差要求。对于该刀具的轴向刀补量，还应根据刀具圆弧半径的实际值进行处理，不能完全由对刀决定。

(9)精车内表面。其具体车削内容为ϕ19.2内孔、15°内锥面、R2mm圆弧及锥孔端面。该刀具在工件外端面上进行对刀,此时外端面上已无加工余量。

(10)加工最深处ϕ18.7mm内孔及端面。加工需安排二次进给,中间退刀一次以便排除切屑。

4.3.4 选择刀具和切削用量

根据加工要求和各工步加工表面形状选择刀具和切削用量。所选刀具除成形车刀外,都是机夹可转位车刀。各工步所用刀片、成形车刀及切削用量(转速计算过程略)具体选择如下:

(1)粗车外表面。刀片:80°的菱形车刀片,型号为CCMT097308。切削用量:车削端面时主轴转速n=1400r/min,其余部位n=1000r/min,端部倒角进给量f=0.15mm/r,其余部位f=0.2~0.25mm/r。

(2)半精车外锥面。刀片:ϕ6mm的圆形刀片,型号为RCM1106200。切削用量:主轴转速n=1000r/mm,切入时的进给量f=0.1mm/r,进给时f=0.2mm/r。

(3)粗车内孔端部。刀片:60°且带R0.4mm圆刃的三角形刀片,型号为TCMT090204。切削用量:主轴转速n=1000r/min,进给量f=0.1mm/r。

(4)钻削内孔。刀具:ϕ8mm的钻头,切削用量:主轴转速n=550r/mm,进给量f=0.15mm/r。

(5)粗车内锥面及半精车其余内表面。刀片:55°且带R0.4mm圆弧刃的菱形刀片,型号为DNMA110404。切削用量:主轴转速n=700r/min,车削ϕ19.05mm内孔时进给量f=0.2mm/r,车削其余部位时f=0.1mm/r。

(6)精车外端面及外圆柱面。刀片:80°且带R0.4mm圆弧刃的菱形刀片,型号为CC-MW080304。切削用量:主轴转速n=1400r/min,进给量f=0.15mm/r。

(7)精车25°圆锥面及R2mm圆弧面。刀具:R2mm的圆弧成型车刀。切削用量:主轴转速n=700r/min,进给量f=0.1mm/r。

(8)精车15°外圆锥面及R2mm圆弧面。刀具:R2mm的圆弧成型车刀。切削用量与精车25°外圆锥面相同。

(9)精车内表面。刀片:55°带R0.4mm圆弧刃的菱形刀片,刀片型号为DNMA110404。切削用量:主轴转速n=1000r/min,进给量f=0.1mm/r。

(10)车削深处ϕ18.7内孔及端面。刀片:60°带R0.4mm圆弧刃的菱形刀片,刀片型号为CCMW060204。切削用量:主轴转速n=1000r/min,进给量f=0.1mm/r。

在确定了零件的进给路线,选择了切削刀具之后,视所用刀具多少,若使用刀具较多,为直观起见,可结合零件定位和编程加工的具体情况,绘制一份刀具调整图。如图4-18所示为本例的刀具调整图。

在刀具调整图中,要反映如下内容:

(1)本工序所余刀具的种类、形状、安装位置、预调尺寸和刀尖圆弧半径值等,有时还包括刀补组号。

(2)刀位点。若以刀具端点为刀位点时,则刀具调整图中X向和Z向的预调尺寸终止线交点即为该刀具的刀位点。

(3)工件的安装方式及待加工部位。

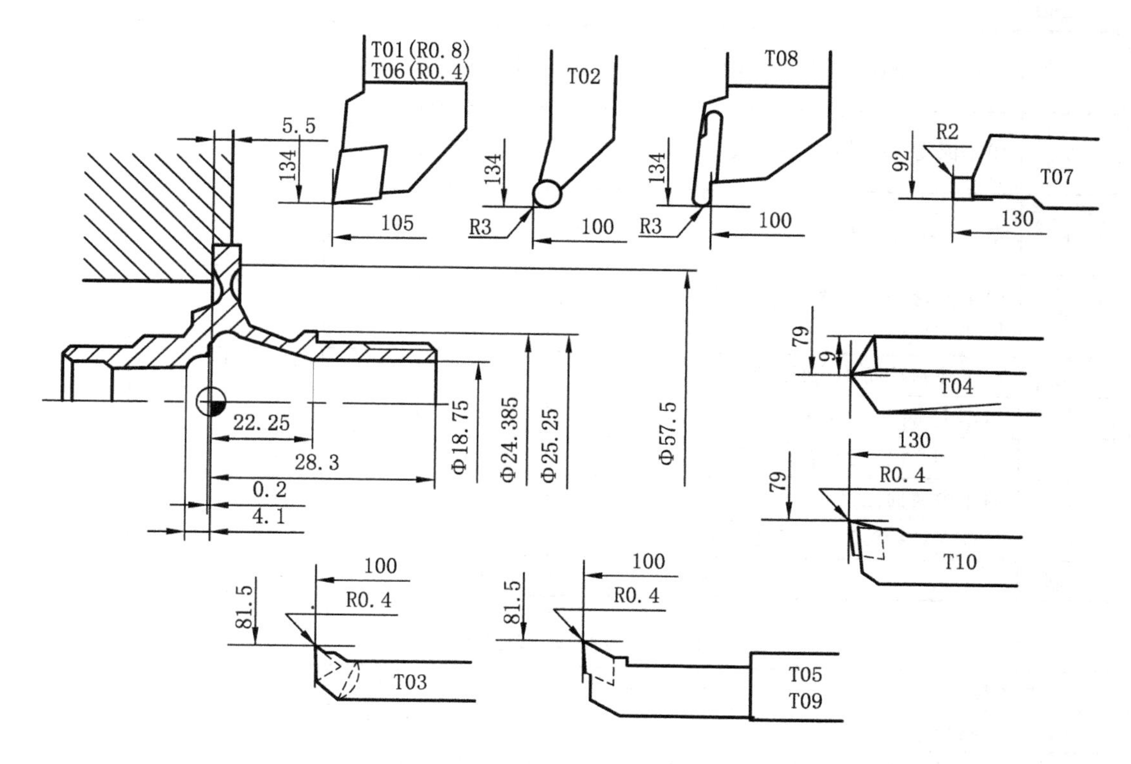

图 4-18　刀具调整图

(4)工件的坐标原点。

(5)主要尺寸的程序设定值(一般取为工件尺寸的中值)。

4.3.5　填写工艺文件

(1)按加工顺序将各工步的加工内容、所用刀具及切削用量等填入表 4-2 数控加工工序卡片中。

(2)将选定的各工步所用刀具的刀具型号、刀片型号、刀片牌号及刀尖圆弧半径等填入表 4-3 数控加工刀具卡片中。

表 4-2　数控加工工序卡片

工厂名称	数控加工工序卡片		产品名称	零件名称		材料	零件图号
				轴套		45 钢	
工序号	程序编号	夹具名称	夹具编号	使用设备			加工车间
		包容式软三爪		MJ-50			
工步号	工步内容	主轴转速	刀具号	刀具规格	进给量 mrn/r	背吃刀量	备注
1	粗车外表面分别至尺寸 φ24.68、φ25.55和φ30.3	1000	T01		0.2～0.25		
	粗车端面	1400			0.15		

续表 4-2

2	半精车外锥面，留精车余量 0.15	1000	T02	0.1			
3	粗车深度 10.15 的ϕ18 内孔	1000	T03		0.1		
4	钻ϕ18 内孔深部	550	T04		0.15		
5	粗车内锥面及半精车内表面分别至尺寸ϕ27.7 和ϕ10.05	700	T05		0.1		
6	精车外圆柱面及端面至尺寸	1400	T06		0.15		
7	精车 25°外锥面及 $R2$ 圆弧面	700	T07		0.1		
8	精车 15°外锥面及 $R2$ 圆弧面	700	T08		0.1		
9	精车内表面至尺寸	1000	T09		0.1		
10	车削深处ϕ18.7 及端面至尺寸	1000	T10		0.1		
编制	审核		批准		共 1 页	第 1 页	

表 4-3　数控加工刀具卡片

产品名称			零件名称		程序编号	
工步	刀具号	刀具名称	刀具型号	刀片型号	刀尖半径	备注
1	T01	机夹可转位车刀	PCGCL2525-09Q	CCMT097308	0.8	
2	T02	机夹可转位车刀	PRJCL2525-06Q	RCMT060200	3	
3	T03	机夹可转位车刀	PTJCLlOlO-09Q	TCMT090204	0.4	
4	T04	钻头				
5	T05	机夹可转位车刀	PDJNL1515-11Q	DNMA110404	0.4	
6	T06	机夹可转位车刀	PCGCL2525-08Q	CCMW080304	0.4	
7	T07	成型车刀			2	
8	T08	成型车刀			2	
9	T09	机夹可转位车刀	PDJNL1515-11Q	DNMA110404	0.4	
10	T10	机夹可转位车刀	PCJCL1515-06Q	CCMW060204	0.4	
编制			审核		共 1 页	第 1 页

第5章 数控车削加工的编程

5.1 数控编程概述

数控编程是数控加工的重要步骤。用数控机床对零件进行加工时，首先对零件进行工艺分析，以确定加工方法、加工工艺路线；正确地选择数控机床刀具和装卡方法；然后，按照加工工艺要求，根据所用数控机床规定的指令代码及程序格式，将刀具的运动轨迹、位移量、切削参数（主轴转速、进给量、吃刀深度等）以及辅助功能（换刀、主轴正转/反转、切削液开/关等）编写成加工程序单，传送或输入到数控装置中，从而指挥机床加工零件。

5.1.1 数控编程的内容与方法

一般来讲，程序编制包括以下几个方面的工作：

1. 加工工艺分析

编程人员首先要根据零件图纸，对零件的材料、形状、尺寸、精度和热处理要求等，进行加工工艺分析，合理地选择加工方案，确定加工顺序、加工路线、装卡方式、刀具及切削参数等；同时还要考虑所用数控机床的指令功能，充分发挥机床的效能。加工路线要短，正确地选择对刀点、换刀点，减少换刀次数。

2. 数值计算

根据零件图的几何尺寸确定工艺路线并设定坐标系，计算零件粗、精加工运动的轨迹，得到刀位数据。对于形状比较简单的零件（如直线和圆弧组成的零件）的轮廓加工，要计算出几何元素的起点、终点、圆弧的圆心、两几何元素的交点或切点的坐标值，有的还要计算刀具中心的运动轨迹。对于形状比较复杂的零件（如非圆曲线、曲面组成的零件），需要用直线段或圆弧段逼近，根据加工精度的要求计算出节点坐标值，这种数值计算一般要用计算机来完成。

3. 编写零件加工程序单

加工路线、工艺参数及刀位数据确定以后，编程人员根据数控系统规定的功能指令代码及程序段格式，逐段编写加工程序单。此外，还应附上必要的加工示意图、刀具布置图、机床调整卡、工序卡以及必要的说明。

4. 制备控制介质

把编制好的程序单上的内容记录在控制介质上，作为数控装置的输入信息。通过程序的手工输入或通信传输方式送入数控系统。

5. 程序校对与首件试切

编写的程序单和制备好的控制介质，必须经过校验和试切才能正式使用。校验的方法是直接将控制介质上的内容输入到数控装置中，让机床空运转，以检查机床的运动轨迹是否正确。在有 CRT 图形显示的数控机床上，用模拟刀具与工件切削过程的方法进行检验更为方便，但这些方法只能检验运动是否正确，不能检验被加工零件的加工精度。因此，要进行零件的首件试切，当发现有加工误差时，分析误差产生的原因，找出问题所在，加以修正。

整个数控编程的内容及步骤，可用图 5-1 的框图表示。

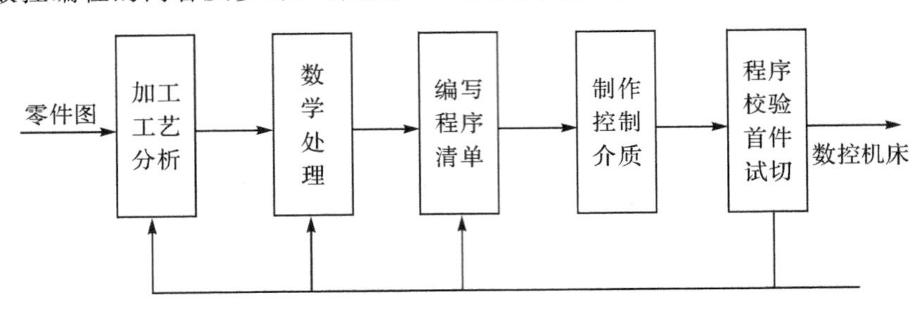

图 5-1 数控编程步骤

5.1.2 数控编程的种类

数控编程技术经历了三个发展阶段，即手工编程、APT 语言编程和交互式图形编程。由于手工编程难以承担复杂曲面的编程工作，因此自第一台数控机床问世不久，美国麻省理工学院即开始研究自动编程的语言系统，称为 APT(Automatically Programmed Tools)语言。经过不断的发展，APT 编程能够承担复杂自由曲面加工的编程工作。

然而，由于 APT 语言是开发得比较早的计算机数控编程语言，而当时计算机的图形处理能力不强，因而必须在 APT 源程序中用语言的形式去描述本来十分直观的几何图形信息及加工过程，再由计算机处理生成加工程序致使其直观性差，编程过程比较复杂不易掌握。目前已基本上为交互式图形编程系统所取代。

1. 手工编程

手工编程就是从分析零件图样、确定加工工艺过程、数值计算、编写零件加工程序单、制备控制介质到程序校验都由人工完成。对于加工形状简单、计算量小、程序不多的零件，采用手工编程较容易，而且经济、快捷。因此，在点位加工或由直线与圆弧组成的轮廓加工中，手工编程仍广泛应用。而像数控车这种以二维图形为主的数控编程，在大多数情况下，可以使用手工编程进行。手工编程是使用者采用各种数学方法，使用一般的计算工具(包括电子计算器)，对编程所需的各坐标点进行处理和计算，需要把图形分割成直线段和圆弧段，并把每段曲线的关键点的坐标一一列出，按这些关键点坐标进行编程。当零件的形状复杂或者有非圆曲线时，人工编程的工作量就会非常大，而且难以保证精度，同时出错的概率增大，有时甚至无法编出程序，必须用自动编程的方法编制程序。在实际应用中，也可以使用一些 CAD 软件，如 AUTOCAD，CAXA 电子图板等绘制图形后，在图形上测量出所需的点坐标或者圆弧半径等尺寸。

2. 自动编程

自动编程使得一些计算繁琐、手工编程困难，或无法编出的程序能够顺利地完成。图形交互自动编程是一种计算机辅助编程技术。它是通过专用的计算机软件来实现的。这种软件通常以机械计算机辅助设计(CAD)软件为基础，利用 CAD 软件的图形编辑功能将零件

的几何图形绘制到计算机上，形成零件的图形文件，然后调用数控编程模块，采用人机交互的方式在计算机屏幕上指定被加工的部位，再输入相应的加工参数，计算机便可自动进行必要的数学处理并编制出数控加工程序，同时在计算机屏幕上动态地显示出刀具的加工轨迹。具有速度快、精度高、直观性好、使用简便、便于检查和修改等优点，已成为目前国内外先进的CAD/CAM软件所普遍采用的数控编程方法。有关自动编程的内容，第6章将详细介绍。

5.1.3 程序结构与格式

1. 加工程序的组成结构

数控加工中零件加工程序的组成形式，随数控系统功能的强弱而略有不同。对功能较强的数控系统，其加工程序可分为主程序和子程序。不论是主程序还是子程序，每一个程序都是由程序号、程序内容和程序结束三部分组成的。程序的内容则由若干程序段组成，程序段由若干字组成，每个字又由字母和数字组成。即字母和数字组成字，字组成程序段，程序段组成程序。

图5-2是一个数控程序结构示意图。

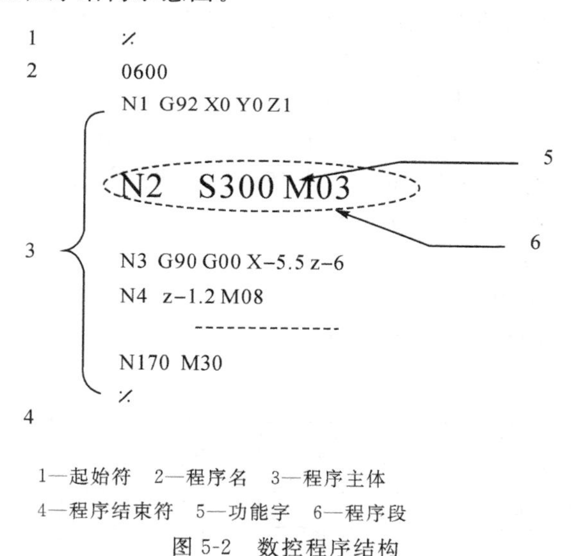

1—起始符 2—程序名 3—程序主体
4—程序结束符 5—功能字 6—程序段

图5-2 数控程序结构

一般情况下，一个基本的数控程序由以下几个部分组成：

(1)程序起始符。一般为%，也有的数控系统采用其他字符，应根据数控机床的操作说明使用。程序起始符单列一行。

(2)程序名。单列一行，有两种形式，一是以规定的英文字母(通常为O)为首，后面接若干位(通常为2位或4位)的数字，如O523，也可称为程序号。另一种形式是以英文字母、数字和符号“—”混合组成，比较灵活。程序名具体采用何种形式是由数控系统决定的。

(3)程序主体。程序主体是整个程序的核心，由多个程序段组成，程序段是数控程序中的一句，单列一行，用于指令机床完成某一个动作。每个程序段又由若干个程序字(WORD)组成，每个程序字表示一个功能指令，因此又称为功能字，它由字首及随后的若干个数字组成(如X100)。字首是一个英语字母，称为字的地址，它决定了字的功能类别。一般字的长度和顺序不固定。

通常在程序的最后会有程序结束指令。用于停止主轴、冷却液和进给，并使控制系统复位。程序结束以程序结束指令 M02 或 M30 作为整个程序结束的结尾，来结束整个程序。

(4)程序结束符。程序结束的标记符，一般与程序起始符相同。

以上是数控程序结构的最基本形式，也是采用交互式图形编程方式所得到的最常见的程序形式。更复杂的程序还包括注释语句、子程序调用等，这里不作更多的介绍。

2. 程序段格式

零件的加工程序是由程序段组成的。程序段格式是指一个程序段中字、字符、数据的书写规则，通常有字・地址程序段格式、使用分隔符的程序段格式和固定程序段格式，最常用的为字・地址程序段格式。

字・地址程序段格式由语句号字、数据字和程序段结束组成。各字后有地址，字的排列顺序要求不严格，数据的位数可多可少，不需要的字以及与上一程序段相同的数字可以不写。该格式的优点是程序简短、直观以及容易检查和修改。因此，该格式目前被广泛使用。数控加工程序内容、指令和程序段格式虽然在国际上有很多标准，但实际上并不完全统一。因此在编制某型号具体机床的加工程序之前，必须详细了解机床数控系统的编程说明书中的具体指令格式和编程方法。

字・地址程序段格式的编排顺序如下：

N—G—X—Z—I—K—P—Q—R—C—F—S—T—M—LF

注意：上述程序段中包括的各种指令并非在加工程序的每个程序段中都必须有，而是根据各程序段的具体功能来编入相应的指令。

例如：N20G01X35Y-46F100。

3. 程序段内各字的说明

表示地址的英文字母的含义如表 5-1 所示。

表 5-1　地址含义

地址	功能	含义	地址	功能	含义
A	坐标字	绕 *X* 轴旋转	N	顺序号	程序段顺序号
B	坐标字	绕 *Y* 轴旋转	O	程序号	程序号、子程序号的指定
C	坐标字	绕 *Z* 轴旋转	P		暂停时间或程序中某功能的开始使用的顺序号
D	补偿号	刀具半径补偿指令	Q		固定循环终止段号或固定循环中的定距
E		第二进给功能	R	坐标字	固定循环中定距离或圆弧半径的指定
F	进给速度	进给速度的指令	S	主轴功能	主轴转速的指令
G	准备功能	指令动作方式	T	刀具功能	刀具编号的指令
H	补偿号	补偿号的指定	U	坐标字	与 *X* 轴平行的附加轴的增量坐标值
I	坐标字	圆弧中心 *X* 轴向坐标	V	坐标字	与 *Y* 轴平行的附加轴的增量坐标值
J	坐标字	圆弧中心 *Y* 轴向坐标	W	坐标字	与 *Z* 轴平行的附加轴的增量坐标值
K	坐标字	圆弧中心 *Z* 轴向坐标	X	坐标字	*X* 轴的绝对坐标值或暂停时间
L	重复次数	固定循环及子程序的重复次数	Y	坐标字	*Y* 轴的绝对坐标
M	辅助功能	机床开/关指令	Z	坐标字	*Z* 轴的绝对坐标

(1)语句号字N。用以识别程序段的编号,由地址码N和后面的若干位数字组成。例如:N20表示该语句的语句号为20。在编程中N指令是可以省略的,即可以不对程序的指令单节进行行数的指定。在编程中加入N指令,并将序号的增量定为10,这样在程序的编制和检查时就比较方便。另外在需要做更改,插入程序工作单节时,可以在序号间隔范围内增加单节。而且需要注意的是,数控程序是按程序段的排列次序执行的,与顺序段号的大小次序无关,即程序段号实际上只是程序段的名称,而不是程序段执行的先后次序。

(2)准备功能字G。G功能是使数控机床做好某种操作准备的指令,它是控制机床运动的主要功能类别。用地址G和两位数字表示,从G00-G99共100种。

G代码分为模态代码(又称续效代码)和非模态代码。代码表中按代码的功能进行了分组,标有相同字母(或数字)的为一组,其中00组(或没标字母)的G代码为非模态代码,其余为模态代码。非模态代码只在本程序段有效,模态代码可在连续多个程序段中有效,直到被相同组别的代码取代。

(3)尺寸字。尺寸字由地址码、+、-符号及绝对(或增量)数值构成。

尺寸字的地址码有X、Y、Z、U、V、W、P、Q、R、A、B、C、I、J、K、D、H等,例如X20Y-30。尺寸字的"+"可省略。

注意有部分的机床设置默认单位为1μm即0.001mm,而加上小数点后的单位为mm,所以在编程时一定不要忘记坐标值后的小数点。

(4)进给功能字F。表示刀具中心运动时的进给速度,由地址码F和后面若干位数字构成。

(5)主轴转速功能字S。由地址码S和在其后面的若干数字组成。

(6)刀具功能字T。由地址功能码T和其后面的若干位数字组成。刀具功能的数字是指定的刀号,数字的位数由所用的系统决定。

(7)辅助功能字。辅助功能也叫M功能或M代码,它用来指令数控机床的辅助装置的接通和断开(即开关动作),表示机床各种辅助动作及其状态。由地址码M和后面的两位数字组成,从MOO-M99共100种。各种机床的M代码规定有差异,必须根据说明书的规定进行编程。

(8)程序段结束符。写在每一程序段之后,表示程序单节结束。当用EIA标准代码时,结束符为CR,用ISO标准代码时为NL或LP,有的用符号";"或"。"表示,也有的直接回车即可。

5.1.4 典型的数控系统与指令代码

数控系统是数控机床的核心。数控机床根据功能和性能要求,配置不同的数控系统。系统不同,其指令代码也有差别,因此,编程时应按所使用数控系统代码的编程规则进行编程。

1. 常用的数控系统介绍

在数控车床上常用的数控系统主要有:日本的法那克(FANUC)、三菱(MIT-SUBISHI)、德国的西门子(SIEMENS)等公司的数控系统及相关产品,在数控机床行业占据领先地位。我国数控产品以华中数控、航天数控、广州数控为代表,也已将高性能数控系统产业化,在国产数控车床特别是简易型数控车床上已经占了主导地位。

(1)FANUC公司的主要数控系统

①高可靠性的PowerMate 0系列:用于控制2轴的小型车床,取代步进电机的伺服系统;可配画面清晰、操作方便、中文显示的CRT/MDI,也可配性能/价格比好的DPL/MDI。

②普及型CNC 0-D系列:0-TD用于车床,0-MD用于铣床及小型加工中心,0-GCD用于圆柱磨床,0-GSD用于平面磨床,0-PD用于冲床。

③全功能型的0-C系列:0-TC用于通用车床、自动车床,0-MC用于铣床、钻床、加工中心,0-GCC用于内、外圆磨床,0-GSC用于平面磨床,0i-TC用于双刀架4轴车床。

④高性能/价格比的0i系列:整体软件功能包,高速、高精度加工,并具有网络功能。0i-MB/MA用于加工中心和铣床,4轴4联动;0i-TB/TA用于车床,4轴2联动,0i-mate MA用于铣床,3轴3联动;0i-mateTA用于车床,2轴2联动。

⑤具有网络功能的超小型、超薄型CNC16i/18i/21i系列:控制单元与LCD集成于一体,具有网络功能,超高速串行数据通信。其中FS16i-MB的插补、位置检测和伺服控制以纳米为单位。16i最大可控8轴,6轴联动;18i最大可控6轴,4轴联动;21i最大可控4轴,4轴联动。

除此之外,还有实现机床个性化的CNC16/18/160/180系列。

(2)SIEMENS公司的主要数控系统

①SINUMERIK802S/C:用于车床、铣床等,可控3个进给轴和1个主轴。802S适于步进电机驱动,802C适于伺服电机驱动,具有数字I/O接口。

②SINUMERIK802D:控制4个数字进给轴和1个主轴,PLCI/O模块,具有图形式循环编程,车削、铣削/钻削工艺循环,FRAME(包括移动、旋转和缩放)等功能,为复杂加工任务提供智能控制。

③SINUMERIK810D:用于数字闭环驱动控制,最多可控6轴(包括1个主轴和1个辅助主轴),紧凑型可编程输入/输出。

④SINUMERIK840D:全数字模块化数控设计,用于复杂机床、模块化旋转加工机床和传送机,最大可控31个坐标轴。

(3)华中数控系统

华中数控以"世纪星"系列数控单元为典型产品,HNC为车削系统,最大联动轴数为4轴;HNC以HNC-21/22M为铣削系统,最大联动轴数为4轴,采用开放式体系结构,内置嵌入式工业PC。伺服系统的主要产品包括:HSV-11系列交流伺服驱动装置、HSV-16系列全数字交流伺服驱动装置、步进电机驱动装置、交流伺服主轴驱动装置与电机、永磁同步交流伺服电机等。

(4)北京航天数控系统

北京航天数控的主要产品为CASNUC2100数控系统,是以PC机为硬件基础的模块化、开放式的数控系统,可用于车床、铣床、加工中心等8轴以下机械设备的控制,具有2轴、3轴、4轴联动功能。

2. 车床数控系统功能

数控车床常用的功能指令有准备功能G、辅助功能M、刀具功能T、主轴转速功能S和进给功能F。表5-2、5-3和5-4给出了几种常用的典型数控车削系统的G功能代码,供读者学习参考。

表 5-2　SIMENS 802S/C 系统常用指令表

路径数据		暂停时间	G4
绝对/增量尺寸	G90,G91	程序结束	M02
公制/英制尺寸	G71,G70	主轴运动	
半径/直径尺寸	G22,G23	主轴速度	S
可编程零点偏置	G158	旋转方向	M03/M04
可设定零点偏置	G54-G57,G500,G53	主轴速度限制	G25,G26
轴运动		主轴定位	SPOS
快速直线运动	G0	特殊车床功能	
进给直线插补	G1	恒速切削	G96/G97
进给圆弧插补	G2/G3	圆弧倒角/直线倒角	CHF/RND
中间点的圆弧插补	G5	刀具及刀具偏置	
定螺距螺纹加工	G33	刀具	T
接近固定点	G75	刀具偏置	D
回参考点	G74	刀具半径补偿选择	G41,G42
进给率	F	转角处加工	G450,G451
准确停/连续路径加工	G9,G60,G64	取消刀具半径补偿	G40
在准确停时的段转换	G601/G602	辅助功能	M

表 5-3　华中 HNC-21/22T 系统常用指令表

代码	组别	功能	代码	组别	功能
GOO	01	快速定位	G57	11	坐标系选择 4
C01		直线插补	G58		坐标系选择 5
G02		圆弧插补(顺时针)	G59		坐标系选择 6
G03		圆弧插补(逆时针)	G65	06	调用宏指令
G04		暂停	G71		外径/内径车削复合循环
G20		英制输入	G72		端面车削复合循环
G21		公制输入	G73		闭环车削复合循环
G28		参考点返回检查	G76		螺纹车削复合循环
G29		参考点返回	G80		外径/内径车削固定循环
G32	01	螺纹切削	G81		端面车削固定循环
G36	17	直径编程	G82		螺纹车削固定循环
G37		半径编程	G90	13	绝对编程
G40	09	取消刀尖半径补偿	G91		相对编程
G41		刀尖半径左补偿	G92	00	工件坐标系设定
G42		刀尖半径右补偿	G94	14	每分钟进给
G54	11	坐标系选择 1	G95		每转进给
G55		坐标系选择 2	G96	16	恒线速度切削
G56		坐标系选择 3	G97		恒转速切削

表 5-4 FANUC 0i-T 系统常用 G 指令表

G代码			组	功能	G代码			组	功能
A	B	C			A	B	C		
G00	G00	G00	01	快速定位	G70	G70	G72	00	精加工循环
C01	C01	C01		直线插补(切削进给)	G71	G71	G73		外圆粗车循环
G02	G02	G02		圆弧插补(顺时针)	G72	G72	G74		端面粗车循环
G03	G03	G03		圆弧插补(逆时针)	G73	G73	G75		多重车削循环
G04	G04	G04	00	暂停	G74	G74	G76		排屑钻端面孔
G10	G10	G10		可编程数据输入	G75	G75	G77		外径/内径钻孔循环
G11	G11	G11		可编程数据输入方式取消	G76	G76	G78		多头螺纹循环
G20	G20	G70	06	英制输入	G80	G80	G80	10	固定钻循环取消
G21	G21	G71		公制输入	G83	G83	G83		钻孔循环
G27	G27	G27	00	返回参考点检查	G84	G84	G84		攻丝循环
G28	G28	G28		返回参考位置	G85	G85	G85		正面镗循环
G32	G33	G33	01	螺纹切削	G87	G87	G87		侧钻循环
G34	G34	G34		变螺距螺纹切削	G88	G88	G88		侧攻丝循环
G36	G36	G36	00	自动刀具补偿 X	G89	G89	G89		侧镗循环
G37	G37	G37		自动刀具补偿 Z	G90	G77	G20	01	外径/内径车削循环
G40	G40	G40	07	取消刀尖半径补偿	G92	G78	G21		螺纹车削循环
G41	G41	G41		刀尖半径左补偿	G94	G79	G24		端面车削循环
G42	G42	G42		刀尖半径右补偿	G96	G96	G96	02	恒表面切削速度控制
G50	G92	G92	00	坐标系或主轴最大速度设定	G97	G97	G97		恒表面切削速度控制取消
G52	G52	G52		局部坐标系设定	G98	G94	G94	05	每分钟进给
G53	G53	G53		机床坐标系设定	G99	G95	G95		每转进给
G54-G59			14	选工件坐标系 1-6		G90	G90	03	绝对值编程
G65	G65	G65	00	调用宏指令		G91	G91		增量值编程

从表中可以看出，对于同一 G 代码而言，不同的数控系统所代表的含义并不完全一样。

5.2 数控编程中的几个基本概念

5.2.1 机床坐标系

1. 机床坐标系与运动方向

规定数控机床坐标轴及运动方向，是为了准确地描述机床运动，简化程序的编制，并使所编程序具有互换性。目前国际标准化组织已经统一了标准坐标系，我国机械工业部也颁布了 JB3051-82《数字控制机床坐标和运动方向的命名》的标准，对数控机床的坐标和运动方向作了明文规定。

(1)坐标和运动方向命名的原则。机床在加工零件时可以是刀具移向工件，还可以是工件移向刀具。为了根据图样确定机床的加工过程，特别规定永远假定刀具相对于静止的工

件坐标而运动。

(2)坐标系的规定。为了确定机床的运动方向、移动的距离，要在机床上建立一个坐标系，这个坐标系就是标准坐标系，也叫机床坐标系。在编制程序时，以该坐标系来规定运动的方向和距离。数控机床上的坐标系是采用右手直角笛卡儿坐标系。在图中，大拇指的方向为 X 轴的正方向，食指为 Y 轴的正方向，中指为 Z 轴正方向。图 5-3 给出了卧式车床的标准坐标系。

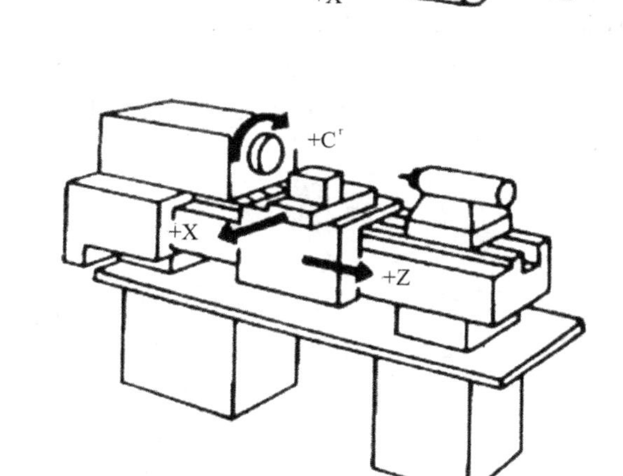

图 5-3　卧式车床的标准坐标系

(3)运动方向的确定。JB3015-82 中规定：机床某一部件运动的正方向，是增大工件和刀具之间距离的方向。

①Z 坐标的运动。Z 坐标的运动由传递切削力的主轴决定，与主轴轴线平行的坐标轴即为 Z 坐标。Z 坐标的正方向为增大工件与刀具之间距离的方向。

②X 坐标的运动。X 坐标为水平的且平行于工件装卡面的方向，这是在刀具或工件定位平面内运动的主要坐标。对于工件旋转的机床(如车床、磨床等)，X 坐标的方向在工件的径向上，且平行于横滑座。刀具离开工件旋转中心的方向为 X 轴正方向，如图 5-3 所示。对于刀具旋转的机床(如铣床、镗床、钻床等)，X 运动的正方向指向右方。

③Y 坐标的运动。Y 坐标轴垂直于 X、Z 坐标轴。

Y 坐标运动的正方向根据 X 和 Z 坐标的正方向，按右手直角坐标系来判断。

④旋转运动 A、B 和 C。A、B 和 C 相应地表示其轴线平行于 X、Y 和 Z 坐标的旋转运动。A、B 和 C 的正方向，相应地表示在 X、Y 和 Z 坐标正方向上按照右螺旋前进的方向。

2. 数控车床编程中的坐标系

数控车床坐标系统分为机床坐标系和工件坐标系(编程坐标系)。

(1)机床坐标系

以机床原点为坐标系原点建立起来的 X、Z 轴直角坐标系，称为机床坐标系。车床的机床原点为主轴旋转中心与卡盘后端面的交点。机床坐标系是制造和调整机床的基础，也是设置工件坐标系的基础，一般不允许随意变动，如图 5-4 所示。

(2)参考点

参考点是机床上的一个固定点。该点是刀具退离到一个固定不变的极限点(图 5-4 中点 O′为参考点)，其位置由机械挡块或行程开关来确定。以参考点为原点，坐标方向与机床坐标方向相同而建立的坐标系叫作参考坐标系，在实际使用中通常以参考坐标系计算坐标值。

(3)工件坐标系(编程坐标系)

数控编程时应该首先确定工件坐标系和工件原点。零件在设计中有设计基准，在加工过程中有工艺基准，同时应尽量将工艺基准与设计基准统一，该统一的基准点通常称为工件原点。以工件原点为坐标原点建立起来的 X、Z 轴直角坐标系，称为工件坐标系。在车床上工件原点可以选择在工件的左或右端面上，即工件坐标系是将参考坐标系通过对刀平移得到的。如图 5-5 所示。

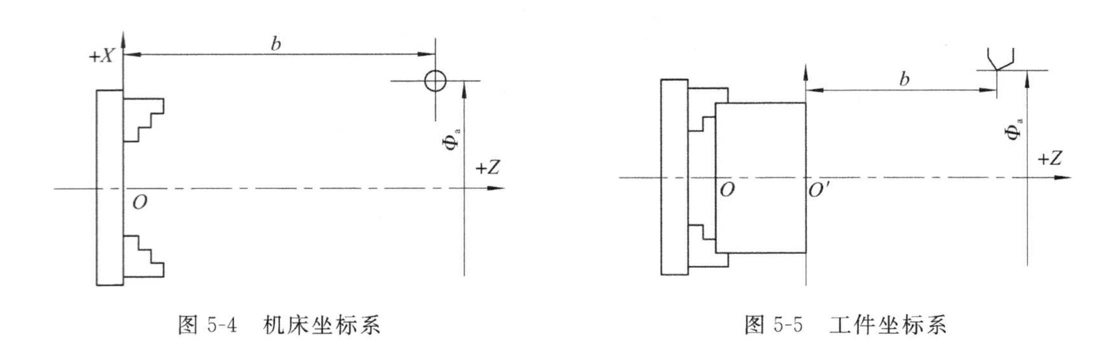

图 5-4　机床坐标系　　　　图 5-5　工件坐标系

(4)程序原点

在程序开发开始之前必须决定坐标系和程序的原点。通常把程序原点确定为便于程序开发和加工的点。在多数情况下，把 Z 轴与 X 轴的交点设置为程序原点，如图 5-5 中将 O′设置为程序原点。

5.2.2　数控编程中的几个基本概念

1. 坐标系统

(1)机床坐标系统。这个坐标系统用一个固定的机床的点作为其原点。在执行返回原点操作时，机床移动到此机床原点。

(2)绝对坐标系统。用户可建立此坐标系统。它的原点可以设置在任意位置，而它的原点以机床坐标值显示。

(3)相对坐标系统。这个坐标系统把当前的机床位置当作原点，在此需要以相对值指定机床位置时使用。

(4)剩余移动距离。此功能不属于坐标系。它仅仅显示移动命令发出后目的位置与当前机床位置之间的距离。仅当各个轴的剩余距离都为零时，这个移动命令才完成。

2. 绝对/增量编程

普通 NC 车床有两个控制轴，对这种 2 轴系统有两种编程方法：绝对坐标命令方法和增

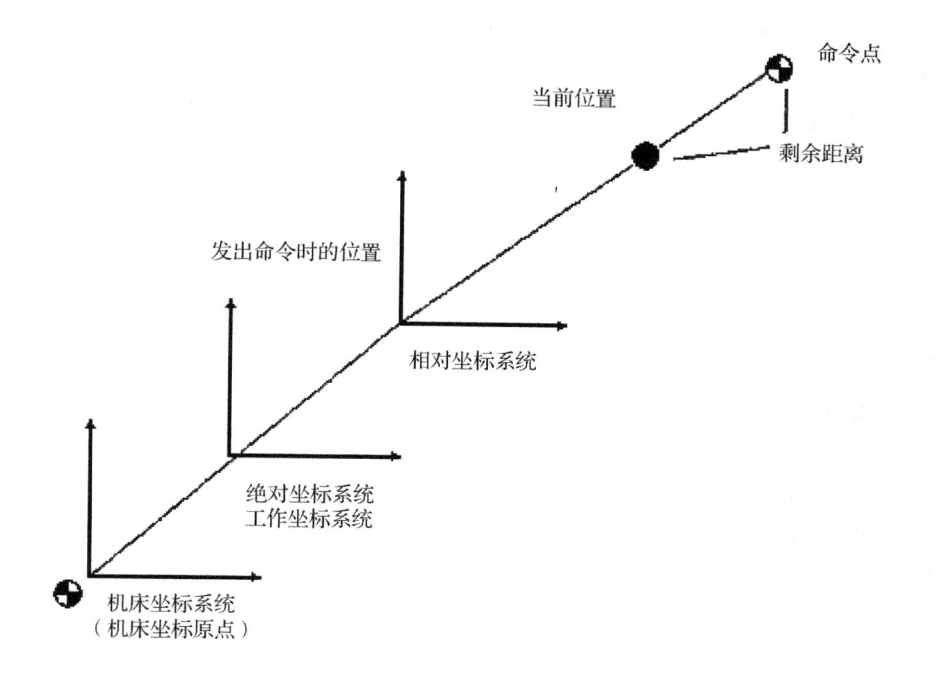

图 5-6　坐标系统

量坐标命令方法。此外，这些方法能够被结合在一个指令里。对于 X 轴和 Z 轴寻址所要求的增量指令是 U 和 W。如图 5-7 所示零件加工时，可以有以下几种程序方式：

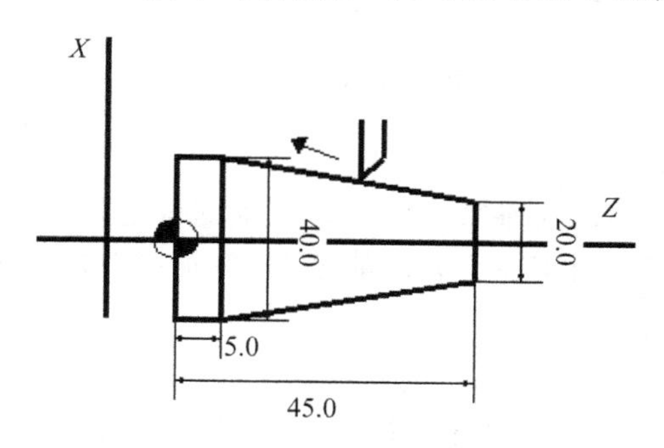

图 5-7　绝对/增量编程示例

(1)绝对坐标程序－X40. Z5. 。

(2)增量坐标程序－U20. W－40. 。

(3)混合坐标程序－X40. W－40. 。

3. 直径编程与半径编程

当用直径值进行编程时，称为直径编程，而采用半径值编程时称为半径编程，车床出厂时默认为直径编程。由于回转体一般都使用直径标注，所以使用直径编程方法可以直接使用图纸上的标注尺寸，而无须转换计算。

4. 模态代码与代码组

“模态代码”的功能在它被执行后会继续维持，而“一般代码”仅仅在收到该命令时起作用。定义移动的代码通常是“模态代码”，像直线、圆弧和循环代码。反之，像原点返回代码就叫“一般代码”。

每一个代码都归属其各自的代码组。在“模态代码”里，当前的代码会被加载的同组代码替换。

5.3 常用指令的编程要点

5.3.1 准备功能 G 指令

1. G00 定位

(1)格式：G00 X __ Z __

这个命令把刀具从当前位置移动到命令指定的位置(在绝对坐标方式下)，或者移动到某个距离处(在增量坐标方式下)。使用 G00 指令时，机床的进给率由轴机床参数指定。如图 5-8 所示，从 P1 点移动到 P2 点时，不进行切削加工，可以使用快速定位方式。

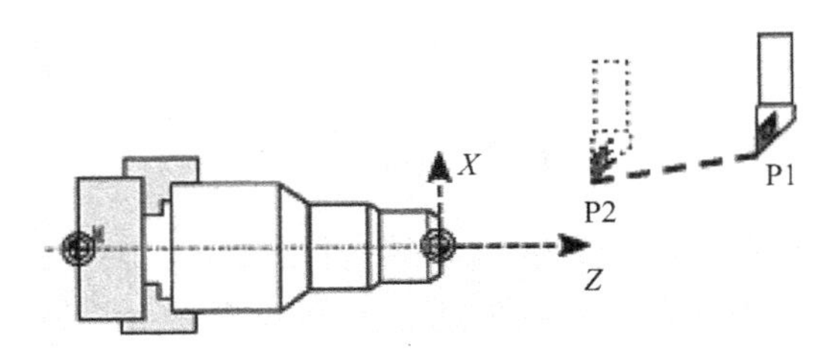

图 5-8 G00 应用

(2)非直线切削形式的定位

定义：采用独立的快速移动速率来决定每一个轴的位置。刀具的实际运动路线并不一定是直线，可以是一条折线。对不适合联动的场合，每轴可单动。根据到达的顺序，机器轴依次停止在命令指定的位置。

(3)直线定位

刀具路径类似直线切削(G01)那样，以最短的时间(不超过每一个轴快速移动速率)定位于要求的位置。

(4)例子

N10 G0 X100 Z65

2. G01 直线插补

(1)格式：G01 X(U) __ Z(W) __ F __;

直线插补以直线方式和命令给定的移动速率从当前位置移动到命令位置。

X,Z：要求移动到的位置的绝对坐标值。

U,W：要求移动到的位置的增量坐标值。

(2)例子，如图 5-9 所示零件加工的程序。

①绝对坐标程序

G01 X50. Z75. F0.2;

X100.;

②增量坐标程序

G01 U0.0 W-75. F0.2;

U50.。

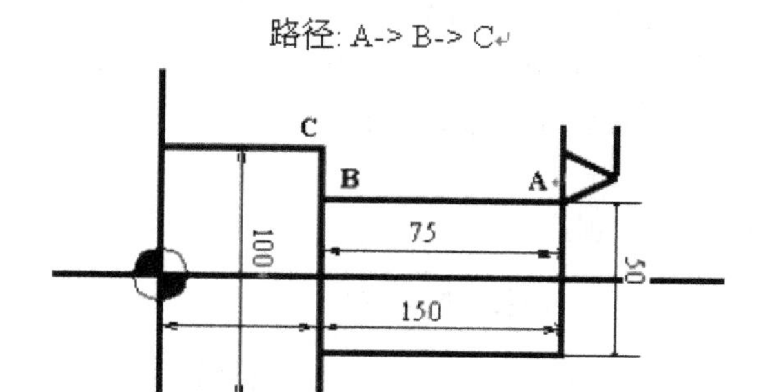

图 5-9　直线插补示例

3. G02/G03 圆弧插补(G02, G03)

圆弧插补指令命令刀具在指定平面内按给定的进给速度 F 作圆弧运动，切削出圆弧轮廓。

(1)格式：

G02(G03) X(U)__ Z(W)__ I __ K __ F __;

G02(G03) X(U)__ Z(W)__ R __ F __;

G02-顺时针(CW)，G03-逆时针(CCW)

X，Z －在坐标系里的终点

U，W-起点与终点之间的距离

I，K-从起点到中心点的矢量(半径值)

R-圆弧范围(最大 180°)。

(2)圆弧顺逆的判断

圆弧插补指令分为顺时针圆弧插补指令(G02)和逆时针圆弧插补指令(G03)。圆弧插补的顺逆可按如下方式给出判断：沿圆弧所在平面(如 XZ 平面)的垂直坐标轴的负方向(－Y)看去，顺时针方向为 G02，逆时针方向为 G03。

(3)G02/G03 的编程格式

在零件上车削加工圆弧时，不仅要用 G02/G03 指出圆弧的顺逆方向，用 X、Z 指定圆弧的终点坐标，而且还要指定圆弧的中心位置。常用指定圆心位置的方式有两种，因而 G02/G03 的指令格式也有两种。

①用 I、K 指定圆心位置：G02(G03)X(U)__ Z(W)__ I __ K __F __;

②用圆弧半径 R 指定圆心位置：G02(G03) X(U)__ Z(W)__ R __ F __;

(4)说明

①采用绝对值编程时，圆弧终点坐标为圆弧终点在工件坐标系中的坐标值，用 X、Z 表

示；当采用增量值编程时，圆弧终点坐标为圆弧终点相对于圆弧起点的增量值。

②数控车床的刀架位置有两种形式，即刀架在操作者同侧或在操作者外侧，因此，应根据刀架的位置判别圆弧插补时的顺逆。

③数控车床的圆心坐标为 I、K，表示圆弧起点到圆弧中心所作矢量分别在 X、Z 坐标轴方向上的分矢量(矢量方向指向圆心)。

④当用半径指定圆心位置时，由于在同一半径 R 的情况下，从圆弧的起点到终点有两个圆弧的可能性，为区别二者，规定圆心角 $\alpha \leqslant 180°$ 时，用 +R 表示；$\alpha > 180°$ 时，用 −R 表示。

⑤用半径 R 指定圆心位置时，不能描述整圆。

(5)例子

如图 5-10 所示零件加工的程序。

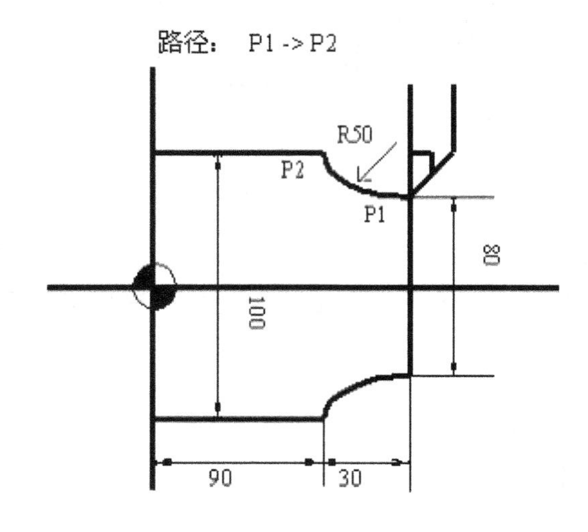

图 5-10　圆弧切削示例

①绝对坐标系程序

G02 X100. Z90. I50. K0. F0.2；

或

G02 X100. Z90. R50. F02；

②增量坐标系程序

G02 U20. W-30. I50. K0. F0.2；

或

G02 U20. W-30. R50. F0.2；

4. 暂停指令 G04

G04 指令可使刀具做暂短的无进给光整加工，一般用于镗平面、锪孔等场合。

(1)格式：G94X(P)__

(2)说明

地址码 X 或 P 为暂停时间。其中 X 后面可用带小数点的数，单位为秒，如 G04X5 表示前面的程序执行完后，要经过 5 秒的暂停，下面的程序段才执行；地址 P 后面不允许用小数点，单位为毫秒，如 G04P1000 表示暂停 1 秒。

(3)例子

进行台阶加工时,对台阶的侧面有表面粗糙度要求。

程序如下:

N30 G91 G01 Z-20 F60;

N40 G04 P5000;(刀具在台阶位置停留 5 秒)

N50 G00 X27

5. 公制尺寸/英制尺寸(G21/G20)

工程图纸中的尺寸标注有公制和英制两种形式。数控系统可根据所设定的状态,利用 G21/G20 代码把所有的几何值转换为公制尺寸或英制尺寸(刀具补偿值和可设定零点偏置值也作为几何尺寸),同样进给率 F 的单位也分别为 mm/min(或 inches/min)。系统上电后,机床处在 G21 状态。G21、G20 均为续效指令。

公制与英制单位的换算关系为:

1mm=0.0394in

1in=25.4mm

注意:有些系统的公制尺寸/英制尺寸不采用 G21/G20 编程,如 SIEMENS 和 FAGOR 系统采用 G71/G70 代码。

6. 半径/直径数据尺寸(G22/G23)

G22 和 G23 指令定义为半径/直径数据尺寸编程。在数控车床中,可把 X 轴方向的终点坐标作为半径数据尺寸,也可作为直径数据尺寸,通常把 X 轴的位置数据用直径数据编程更为方便。

7. 回参考点检验及返回参考点(G27/G28)

(1)回参考点检验(G27)

G27 X(U)__ Z(W)__ T0000

G27 用于检查 X 轴与 Z 轴是否能正确返回参考点。执行(G27 指令的前提是机床在通电后必须返回过一次参考点(手动返回或用 G28 指令返回)。

执行该指令时,各轴按指令中给定的坐标值快速定位,且系统内部检测参考点的行程开关信号。如果定位结束后检测到开关信号发令正确,参考点的指示灯亮,说明滑板正确回到了参考点位置;如果检测到的信号不正确,系统报警,说明程序中指令的参考点坐标值不对或机床定位误差过大。该指令之后,如欲使机床停止,须加入一辅助功能 M00 指令。否则机床将继续执行下一个程序段。

(2)自动返回参考点(G28)

G28 X(U)__ Z(W)__ T0000

执行该指令时,刀具先快速移动到指令值所指令的中间点位置,然后自动返回参考点,如图 5-11 所示。到达参考点后,相应坐标方向的指示灯亮。

注意使用 G27、G28 指令时,须预先取消刀补量(T0000),否则会发生不正确的动作,如:G28 U40 W40 T0000。

8. 车削螺纹(G32/G33)

螺纹加工的类型包括:内(外)圆柱螺纹和圆锥螺纹、单头螺纹和多头螺纹、恒螺距与变螺距螺纹。数控系统提供的螺纹加工指令包括:单一螺纹指令和螺纹固定循环指令。恒螺

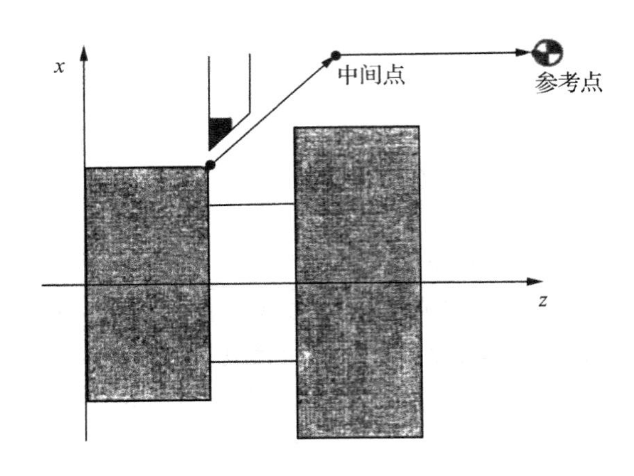

图 5-11　返回参考点

距螺纹的形式包括有圆柱螺纹、圆锥螺纹和端面螺纹。数控系统的不同，螺纹加工指令也有差异，实际应用中按所使用机床要求编程。几种典型数控系统的单行程螺纹加工的编程格式见表 5-5。

表 5-5　单行程螺纹加工的编程格式

数控系统	编程格式	说　明
FANUC	G32X(U)__ Z(W)__ F __	F 采用旋转进给率，表示螺距
SIEMENS	圆柱螺纹：G33Z __ K __ SF __	K 为螺距，SF 为起始点偏移量
	圆锥螺纹：G33Z __ X __ K __ G33Z __ X __ I __	锥度小于 45°，螺距为 K 锥度大于 45°，螺距为 I
	端面螺纹：G33X __ I __ SF __	
FAGOR	G33 X…C L Q	X… C5.5 为螺纹终点，L5.5 为螺距，Q3.5 表示多头螺纹时的主轴角度
HNC-21T	G32X(U)__ Z(W)__ R __ E __ P __ F __	R、E 为螺纹切削的退刀量，F 为螺纹导程，P 为切削起始点的主轴转角

螺纹加工的几点注意事项：

(1)进行恒螺距螺纹加工时，其进给速度 F 的单位采用旋转进给率，即 mm/r(或 in 重启一行 ehes/r)。

(2)为避免在加减速过程中进行螺纹切削，要设置引入距离 δ1 和超越距离 δ2，即升速进刀段和减速退刀段，见图 5-11。一般 δ1 为 2～5mm，对于大螺距和高精度的螺纹取大值，δ2 一般取 δ1 的 1/4 左右。

(3)螺纹起点与螺纹终点径向尺寸的确定。螺纹加工中的编程大径应根据螺纹尺寸标注和公差要求进行计算，并由外圆车削来保证。如果螺纹牙型较深、螺距较大，可采用分层切削，如图 5-12 所示。常用螺纹切削的进给次数与吃刀量可参考普通车床加工的进给次数与吃刀量。

如图 5-13 所示螺纹车削，使用 FANUC 系统进行程序的编制。

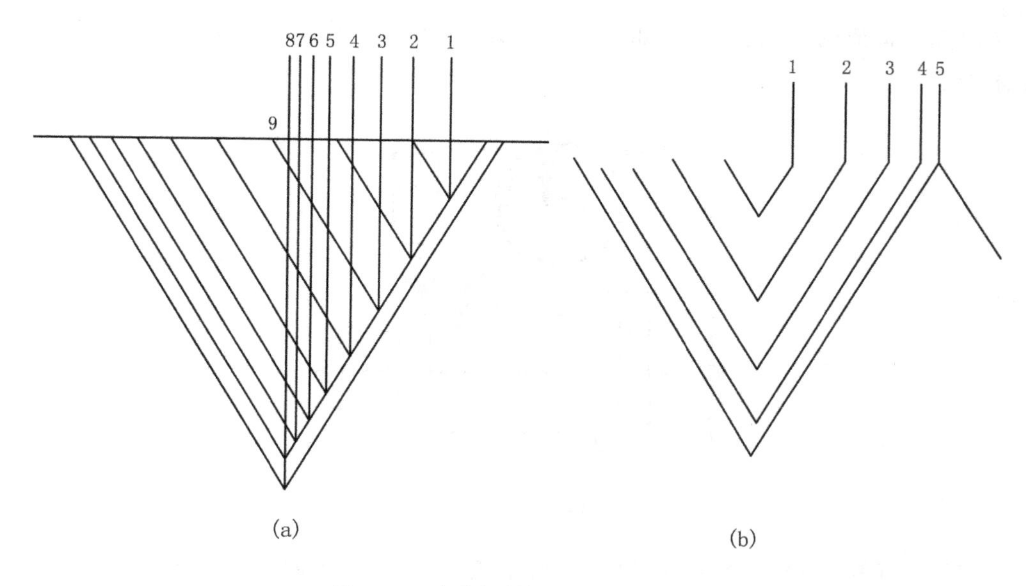

图 5-12　多次切削螺纹的刀具路径

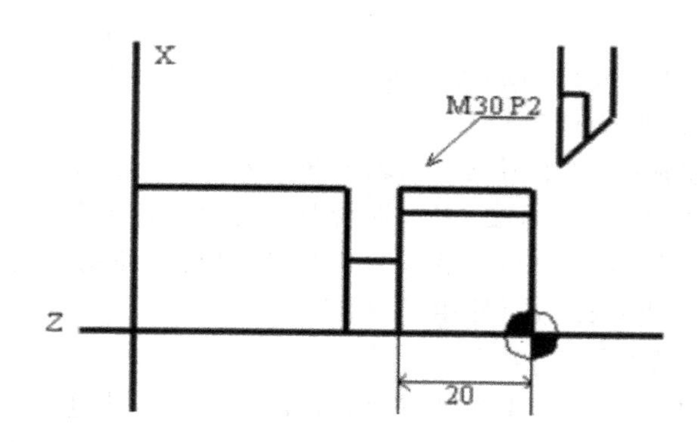

图 5-13　螺纹加工

G00 X29.4;(1 循环切削)

G32 Z-23. F0.2;

G00 X32;

Z4.;

X29.;(2 循环切削)

G32 Z-23. F0.2;

G00 X32.;

Z4.;

9. G40/G41/G42 刀具直径偏置功能(G40/G41/G42)

(1)格式:

G41 X __ Z __;

G42 X __ Z __;

在刀具刃是尖利时,切削进程按照程序指定的形状执行不会发生问题。不过,真实的刀具刃是由圆弧构成的(刀尖半径),如图 5-14 所示,在圆弧插补和攻螺纹的情况下刀尖半径会带来误差。

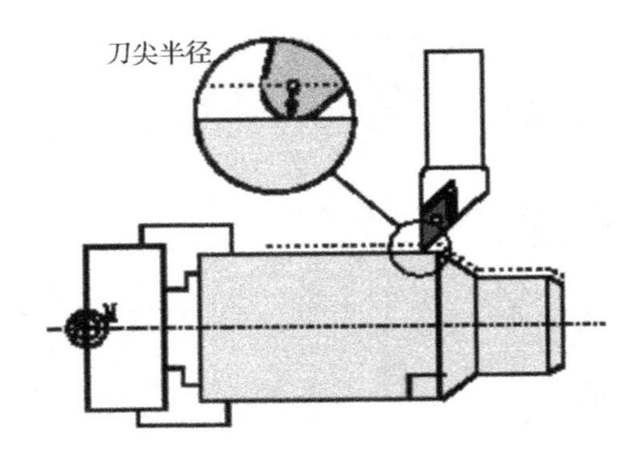

图 5-14 车刀刀尖圆弧

在实际加工中,一般数控装置都有刀具半径补偿功能,为编制程序提供了方便。有刀具半径补偿功能的数控系统,编程时不必计算刀具中心的运动轨迹,只按零件轮廓编程即可。使用刀具半径补偿指令,并在控制面板上手工输入刀具半径,数控装置便能自动地计算出刀具中心轨迹,并按刀具中心轨迹运动,即执行刀具半径补偿后,刀具自动偏离工件轮廓一个刀具半径值,从而加工出所要求的工件轮廓。

G41 为刀具半径左补偿,即沿刀具的运动方向看刀具位于工件轮廓左侧时的半径补偿,如图 5-15(a)所示;G42 为刀具半径右补偿,即沿刀具的运动方向看,刀具位于工件轮廓右侧时的半径补偿,如图 5-15(b)所示;G40 为刀具半径补偿取消,使用该指令后,G41、G42 指令无效。G40 必须和 G41 或 G42 成对使用。

刀具半径补偿的过程分为三步。

①刀补的建立,刀具中心从与编程轨迹重合过渡到与编程轨迹偏离一个偏置量的过程。

②刀补进行,执行有 G41、G42 指令的程序段后,刀具中心始终与编程轨迹相距一个偏

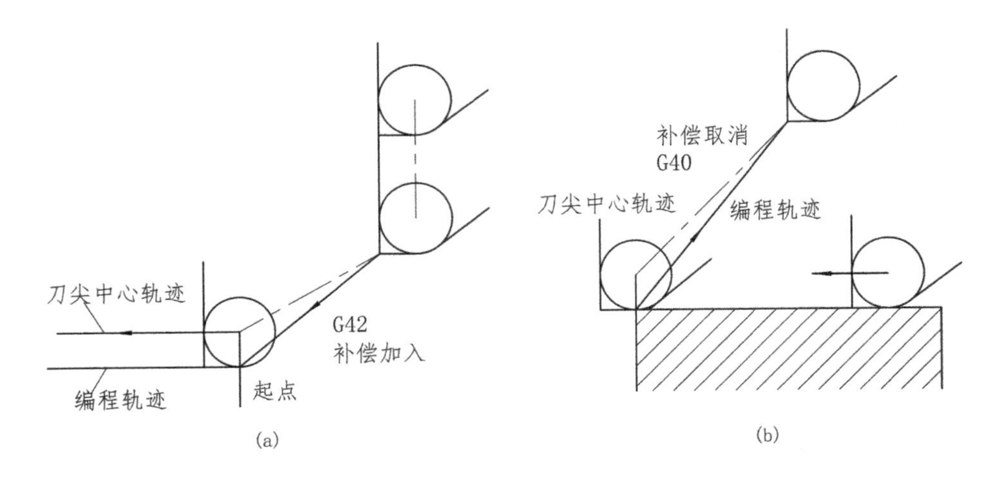

图 5-15 刀具补偿的建立与取消

置量。

③刀补的取消，刀具离开工件，刀具中心轨迹要过渡到与编程重合的过程。图 5-15 为刀补的建立与取消过程。编程时应注意：G41、G42 不能重复使用，即在程序中前面有了 G41 或 G42 指令之后，不能再直接使用 G41 或 G42 指令。若想使用，则必须先用 G40 指令解除原补偿状态后，再使用 G41 或 G42，否则补偿就不正常。

补偿的原则取决于刀尖圆弧中心的动向，它应总是与切削表面法向里的半径矢量不重合，因此补偿的基准点是刀尖中心。通常刀具长度和刀尖半径的补偿是按一个假想的刀刃为基准，因此会测量带来一些困难。把这个原则用于刀具补偿，应当分别以 X 和 Z 的基准点来测量刀具长度刀尖半径 R，以及用于假想刀尖半径补偿所需的刀尖形式（0-9），如图 5-16所示，这些内容应当事先输入刀具偏置文件。

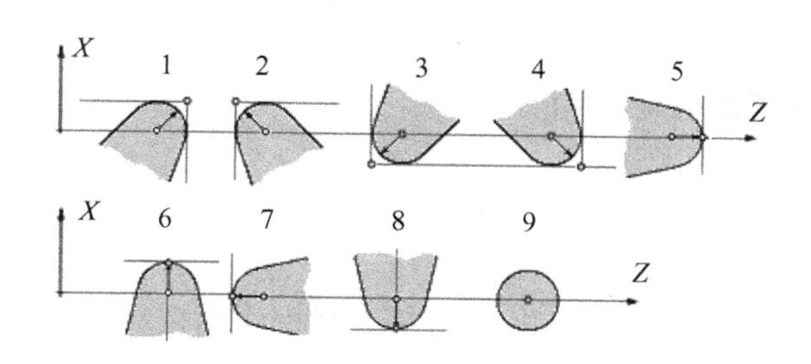

图 5-16　刀尖半径补偿形式

“刀尖半径偏置”应当用 G00 或者 G01 功能来下达命令或取消，不论这个命令是不是带圆弧插补，车刀不会正确移动，导致它逐渐偏离所执行的路径。因此，刀尖半径偏置的命令应当在切削进程启动之前完成，并且能够防止从工件外部起刀带来的过切现象。反之，要在切削进程之后用移动命令来执行偏置的取消。

10. 工件坐标系设定 G50

G50 指令是规定工件坐标系原点的指令，工件坐标系原点又称编程零点。当用绝对尺寸编程时，必须先建立一坐标系，用来确定刀具起始点在坐标系中的坐标值。

编程格式：G50 X(d)Z(p)

其中 d、p 分别为刀尖的起始点距工件原点在 X 向和 Z 向的尺寸。执行 G50 指令时，机床不动作，即 X、Z 轴均不移动，系统内部对(d、p)进行记忆，CRT 显示器上的坐标值发生了变化，这就相当于在系统内部建立了以工件原点为坐标原点的工件坐标系。

应注意有些数控机床用 G92 指令建立工件坐标系，如华中数控 HNC-21T 系统，有的数控系统则直接采用零点偏置指令(G54-G57)建立工件坐标系，如 SIMENS802S/C 系统。

11. G54-G59 工件坐标系选择(G54-G59)

(1)格式：G54 X __ Z __；

(2)功能

除了这些设置步骤外，系统中还有一参数可立刻变更 G54～G59 的参数。工件外部的原点偏置值能够用 1220 号参数来传递。

在数控车编程中，正确地使用循环指令进行程序的编制，可免去许多复杂的计算过程，而且程序也得到简化(图 5-17)。FANUC 系统的车削固定循环分为单一循环和多重循环 2

种。多重循环能进行比较复杂的外形加工，包括有 G70-G76。而单一循环只能做简单的重复加工，包括 G90，G92 和 G94。注意的是各种固定循环指令（G90、G92、G94）都是模态指令，当循环结束时，应该以同组的指令（G00，G01，G02 等）将循环功能取消。

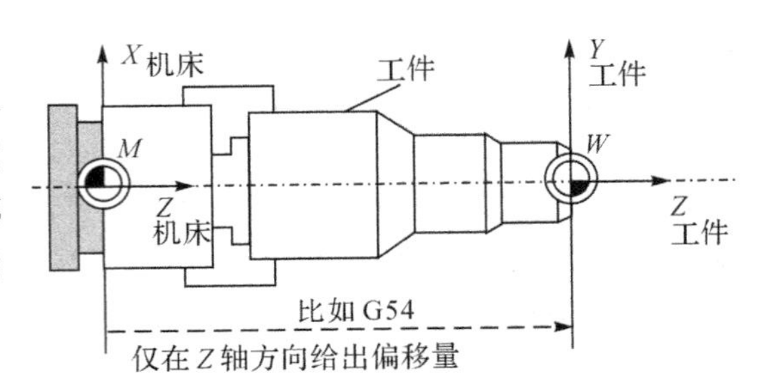

图 5-17　工件坐标系设定示意图

12. G70 精加工循环（G70）

格式：G70 P(ns) Q(nf)

ns：精加工形状程序的第一个段号。

Nf：精加工形状程序的最后一个段号。

用 G71、G72 或 G73 粗车削后，使用 G70 进行精车削，即按粗粗车循环指令的加工路线，切除粗加工中留下的余量。

13. G71 外圆粗车固定循环（G71）

(1)格式：U(Δd)R(e)

G71P(ns)Q(nf)U(Δu)W(Δw)F(f)S(s)T(t)

在程序段中：

Δd：背吃刀量（半径指定），不指定正负符号。切削方向依照 AA′的方向决定，在另一个值指定前不会改变。

e：退刀行程，本指定是状态指定，在另一个值指定前不会改变。

ns：精加工形状程序的第一个段号。

nf：精加工形状程序的最后一个段号。

Δu：X 方向精加工预留量的距离及方向。（直径/半径）

Δw：Z 方向精加工预留量的距离及方向。

(2)功能：外圆粗车循环适合棒料毛坯去除量较大的切削。其切削路线如图 5-18 所示，用程序决定 A 至 A′至 B 的精加工形状，用 Δd（切削深度）车掉指定的区域，留精加工预留量 Δu/2 及 Δw。

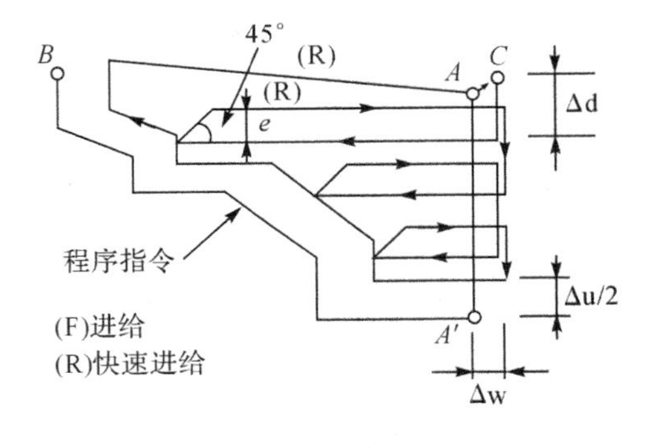

图 5-18　外圆粗车循环

(3)加工举例

如图 5-19，毛坯直径为 50mm，请用 G71 指令完成下面零件的加工。

参考程序：

```
N0010  M03  S1000  T0101
N0020  G00  X53.  Z5.
N0030  G71  U6  R0.5
N0040  G71  P50  Q140  U1.  W0.  F0.25
N0050  G00  X15.
N0060  G01  Z-10.  F0.15
N0070       X25.
```

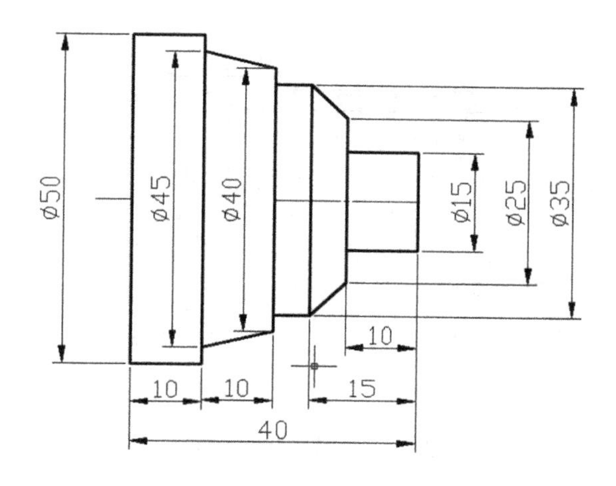

图 5-19 使用 G71 加工零件实例

```
N0080        X35.   Z-15.
N0090        Z-20.
N0100        X40.
N0110        X45.   W-10.
N0120        X50.
N0130        Z-40.
N0140        X53.
N0150   G70  P50   Q140
N0160   G00  X100.  Z100.
N0170   M05
N0180   M30
G70  P10  Q20  (F0.1)  ;
G0  X100;
Z100;
M05;
M30;
```

14. G72 端面车削固定循环(G72)

(1)格式

G72W(Δd)R(e)

G72P(ns)Q(nf)U(Δu)W(Δw)F(f)S(s)T(t)

(2)功能

用于圆柱毛坯端面方向粗车,其切削路线如图 5-20 所示,除了切削方向是平行于 X 轴外,本循环与 G71 相同。

15. G73 成型加工复式循环(G73)

(1)格式:G73P(ns)Q(nf)U(Δu)W(Δw)F(f)S(s)T(t)

N(ns)

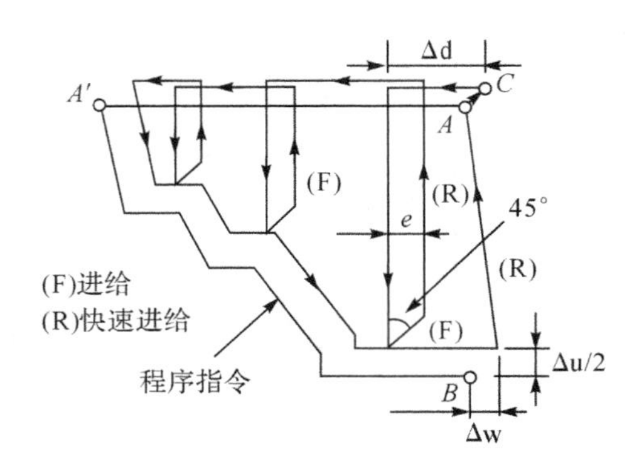

图 5-20 端面粗车循环

沿 A A’ B 的程序段号

N(nf)

Δi:X 轴方向退刀距离(半径指定),FANUC 系统参数(NO.0719)指定。

Δk:Z 轴方向退刀距离(半径指定),FANUC 系统参数(NO.0720)指定。

d:分割次数,这个值与粗加工重复次数相同,FANUC 系统参数(NO.0719)指定。

ns:精加工形状程序的第一个段号。

nf:精加工形状程序的最后一个段号。

Δu:X 方向精加工预留量的距离及方向。(直径/半径)

Δw:Z 方向精加工预留量的距离及方向。

(2)功能:本功能用于重复切削一个逐渐变换的固定形式,用本循环,可有效地切削一个用粗加工锻造或铸造等方式已经加工成型的工件(图 5-21)。

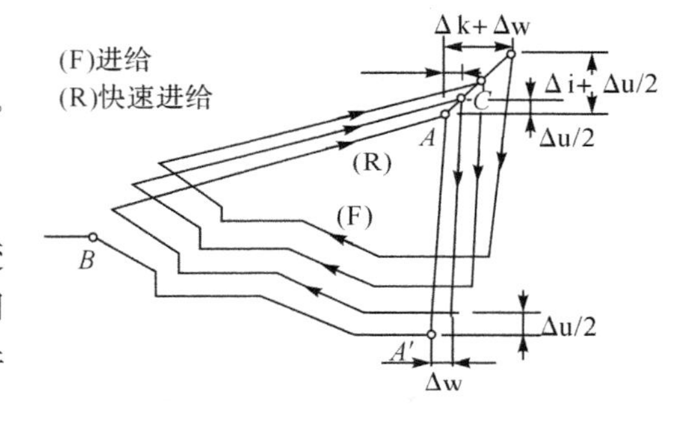

图 5-21 成型加工复式循环

(3)加工举例

如图 5-22,已知毛坯直径为 44mm,请用 G73 指令完成下面零件的加工。

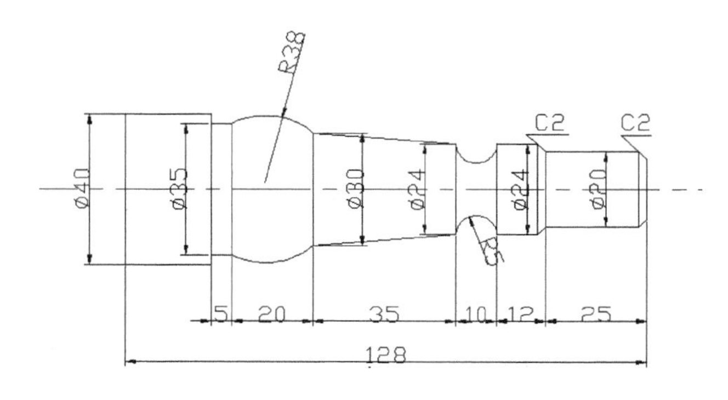

图 5-22 端面啄式钻孔循环

程序：

```
O0001;
M03 S600;
G99;
T0101;(尖头外圆车刀)
G0 X45 Z3;
G73 U15 R0.015;
G73 P10 Q20 U0.5 F0.5;
N10 G1 X16 F0.5;
G1 Z0 F0.1;
G1 X20 Z-2;
G1 X20 Z-25;
G1 X24 Z-27;
G1 X24 Z-37 F0.15;
G2 X24 Z-47 R5 F0.1;
G1 X30 Z-82 F0.15;
G3 X35 Z-102 R38 F0.1;
G1 X35 Z-107;
G1 X40 Z-107;
N20 G1 X40 Z-128;
```

16. G74 端面啄式钻孔循环(G74)

(1)格式

G74 R(e);

G74 X(u) Z(w) P(Δi) Q(Δk) R(Δd) F(f)

e:后退量

本指定是状态指定，在另一个值指定前不会改变。FANUC系统参数(NO.0722)指定。

X:B点的X坐标

u:从a至b增量

z:c点的Z坐标

w:从A至C增量

Δi:X方向的移动量

Δk:Z方向的移动量

Δd:在切削底部的刀具退刀量。Δd的符号一定是(+)。但是，如果X(U)及ΔI省略，可用所要的正负符号指定刀具退刀量。

f:进给率。

(2)功能

如图5-23所示，在本循环可处理断屑，如果省略X(U)及P，结果只在Z轴操作，用于钻孔。

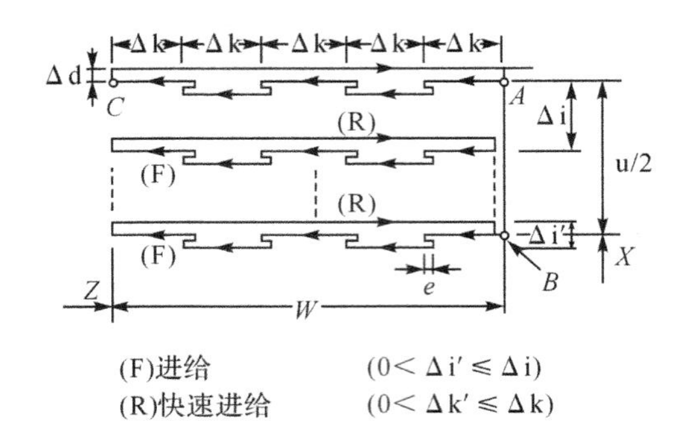

图 5-23 G74 端面啄式钻孔循环示意图

17. G76 螺纹切削循环(G76)

(1)格式

G76 P(m)(r)(a) Q(Δdmin) R(d)

G76 X(u) Z(w) R(i) P(k) Q(Δd) F(f)

m:精加工重复次数(1 至 99)

本指定是状态指定,在另一个值指定前不会改变。FANUC 系统参数(No.0723)指定。

r:到角量

本指定是状态指定,在另一个值指定前不会改变。FANUC 系统参数(No.0109)指定。

a:刀尖角度

可选择 80°、60°、55°、30°、29°、0°,用 2 位数指定。

本指定是状态指定,在另一个值指定前不会改变。FANUC 系统参数(No.0724)指定,如:P(02/m、12/r、60/a)。

Δdmin:最小切削深度

本指定是状态指定,在另一个值指定前不会改变。FANUC 系统参数(No.0726)指定。

i:螺纹部分的半径差

如果 i=0,可作一般直线螺纹切削。

k:螺纹高度

这个值在 X 轴方向用半径值指定。

Δd:第一次的切削深度(半径值)

l:螺纹导程(同 G32)

(2)功能

循环切削螺纹。

18. G90 内外直径的切削循环(G90)

(1)格式

G90 X(U)__ Z(W)__ R __ F __;

当进行锥体切削循环时,必须指定锥体的“R”值。切削功能的用法与直线切削循环类似。

(2)功能

外圆切削循环。如图 5-24 为直线切削循环的

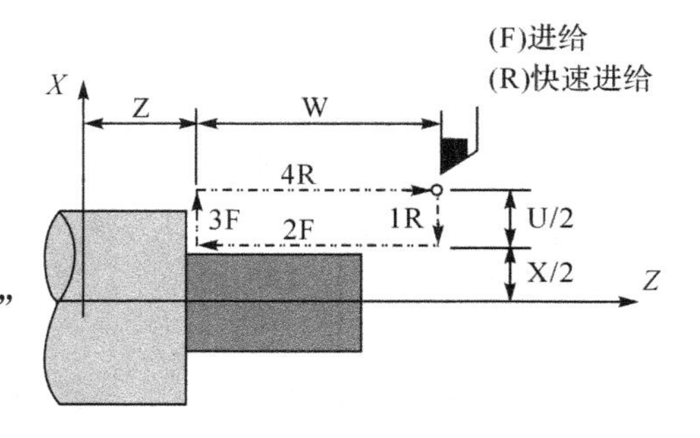

图 5-24 外圆切削循环

走刀路线示意图。进行锥体切削时，U、W、R 的正负号将影响刀具轨迹，如图 5-25 所示为 U、W、R 的数值符号与刀具轨迹之间的关联。

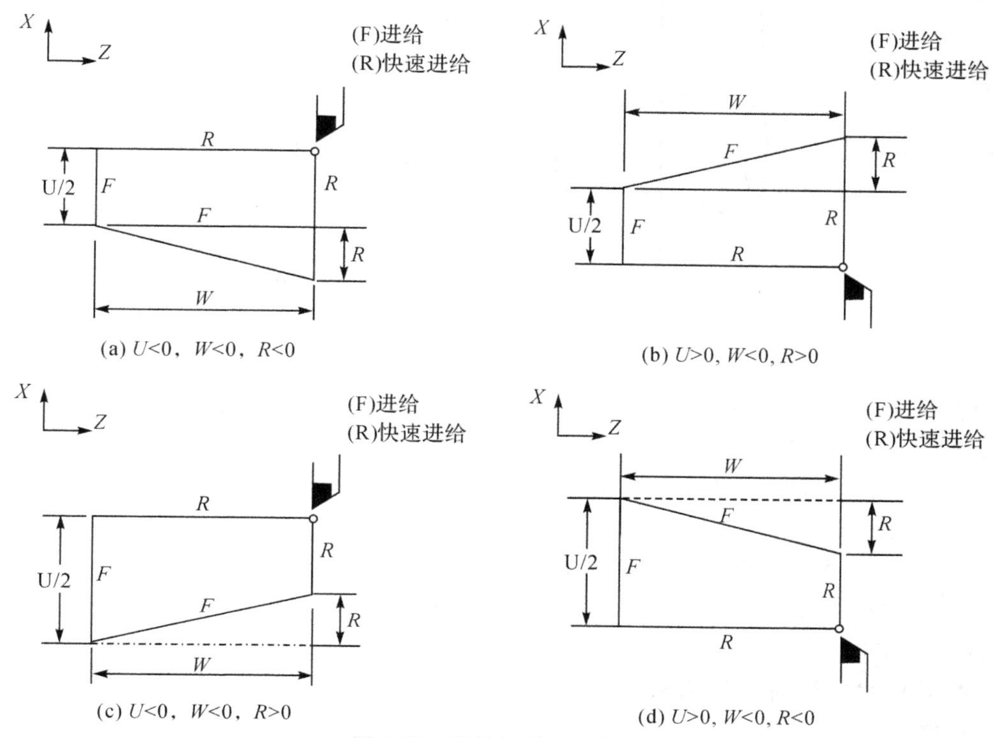

图 5-25 锥体切削刀具轨迹

① U<0,W<0,R<0

② U>0, W<0, R>0

③ U<0,W<0,R>0

④ U>0, W<0, R<0

19. G92 切削螺纹循环(G92)

(1)格式

直螺纹切削循环：G92 X(U)__ Z(W)__ F __;

锥螺纹切削循环：G92X(U)__ Z(W)__ R __ F __;

式中 F 表示螺纹的螺距，R 表示圆锥螺纹大小端的半径差值。

螺纹范围和主轴 RPM 稳定控制(G97)，类似于 G32(切螺纹)。在这个螺纹切削循环里，切螺纹的退刀才有可能进行操作；倒角长度根据所指派的参数在 0.1L～ 12.7L 的范围里设置为 0.1L 个单位。

(2)功能

切削螺纹循环，可以车削直螺纹或者锥螺纹。

(3)加工举例

如图 5-26，请用 G92 指令完成下面零件的加工。

参考程序：

N05 G50 X200.0 Z250.0;

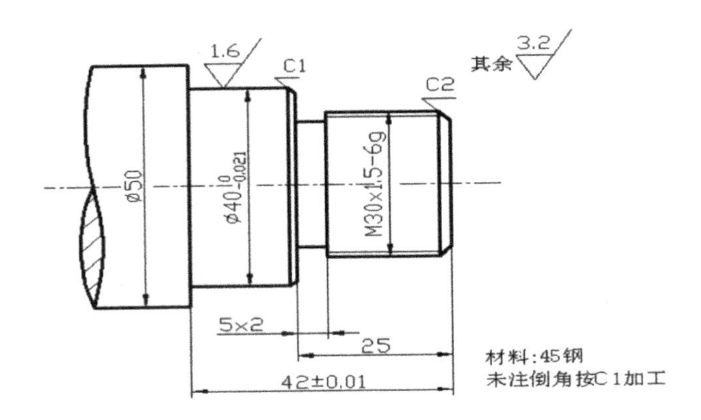

图 5-26　使用 G92 指令加工零件实例

N10　S200　M03　T0202;

N15　G00　X54.0　Z114.0;

N20　G92　X41.2　Z48.0　F1.5;

N25　X40.6;　　N30　X40.2;

N35　X40.04;

N40　G00　X200.0　Z250.0　T0200　M05;

N45　M30;

20. G94 台阶切削循环(G94)

(1)格式

平台阶切削循环:G94 X(U)__ Z(W)__ F __;

锥台阶切削循环:G94X(U)__ Z(W)__ R __ F __;

R 表示锥面的长度。

(2)功能:台阶切削。如图 5-27 为进行台阶切削的刀具轨迹示意图。

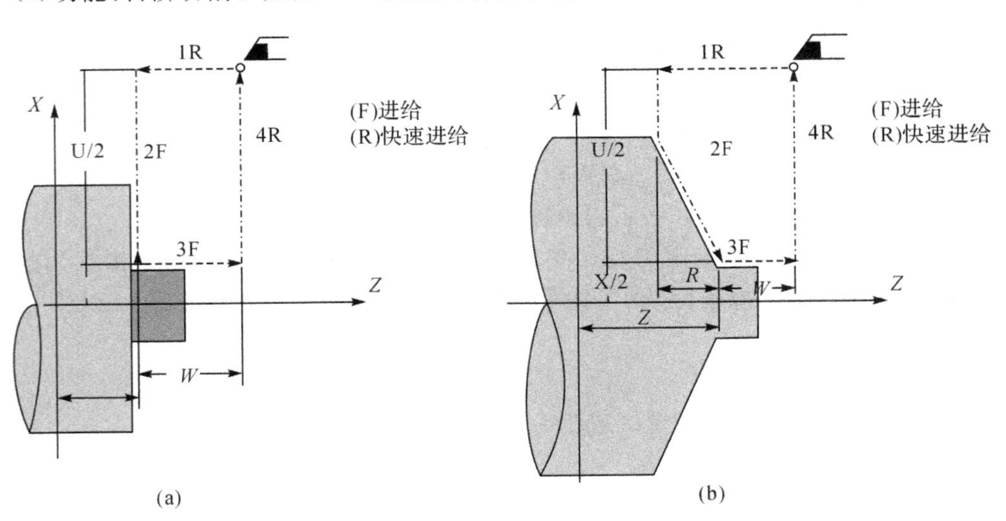

图 5-27　台阶切削循环

5.3.2 辅助功能 M 指令

辅助功能也叫 M 功能或 M 代码，它是控制机床或系统开关功能的一种命令。常用的辅助功能编程代码见表 5-6。

注意：各种机床的 M 代码规定有差异，编程时必须根据说明书的规定进行。

表 5-6 常用 M 指令含义

功能	含义	用途
M00	程序停止	实际上是一个暂停指令。当执行有 M00 指令的程序段后，主轴的转动、进给、切削液都将停止。它与单程序段停止相同，模态信息全部被保存，以便进行某一手动操作，如换刀、测量工件的尺寸等。重新启动机床后，继续执行后面的程序
M01	选择停止	与 M00 的功能基本相似，只有在按下"选择停止"后，M01 才有效，否则机床继续执行后面的程序段；按"启动"键，继续执行后面的程序
M02	程序结束	该指令编在程序的最后一条，表示执行完程序内所有指令后，主轴停止、进给停止、切削液关闭，机床处于复位状态
M03	主轴正转	用于主轴顺时针方向转动
M04	主轴反转	用于主轴逆时针方向转动
M05	主轴停止转动	用于主轴停止转动
M06	换刀	用于加工中心的自动换刀动作
M08	冷却液开	用于切削液开
M09	冷却液关	用于切削液关
M30	程序结束	使用 M30 时，除表示执行 M02 的内容之外，还返回到程序的第一条语句，准备下一个工件的加工
M98	子程序调用	用于调用子程序
M99	子程序返回	用于子程序结束及返回

5.3.3 刀具功能 T、进给功能 F 和主轴转速功能 S

1. 选择刀具与刀具偏置

选择刀具和确定刀具参数是数控编程的重要步骤，其编程格式因数控系统不同而异，主要格式有以下几种。

(1)采用 T 指令编程。由地址功能码 T 和其后面的若干位数字组成。刀具功能的数字是指定的刀号，数字的位数由所用的系统决定，一般为 4 位。前两位表示刀具位置号，后两位表示刀具补偿号。刀具补偿从 01 开始，00 表示取消刀具补偿。例如：

T0303 表示选择第 3 号刀，3 号偏置量。

T0300 表示选择第 3 号刀，刀具偏置取消。

(2)采用 T、D 指令编程。利用 T 功能可以选择刀具，利用 D 功能可以选择相关的刀偏。在定义这两个参数时，其编程的顺序为 T、D。T 和 D 可以编写在一起，也可以单独编写，例如：

T5D18—选择 5 号刀，采用刀具偏置表 18 号的偏置尺寸。

T522—仍用5号刀,采用刀具偏置表22号的偏置尺寸。

T5—选择5号刀,采用刀具与该刀相关的刀具偏置尺寸。

2. 进给功能F

进给功能F表示刀具中心运动时的进给速度。由地址码F和后面若干位数字构成。

这个数字的单位取决于每个系统所采用的进给速度的指定方法,具体内容见所用机床编程说明书。

注意:

(1)进给率的单位是直线进给率mm/min(或inches/min),还是旋转进给率mm/r(或inches/r),取决于每个系统所采用的进给速度的指定方法。直线进给率与旋转进给率的含义如图5-28所示。

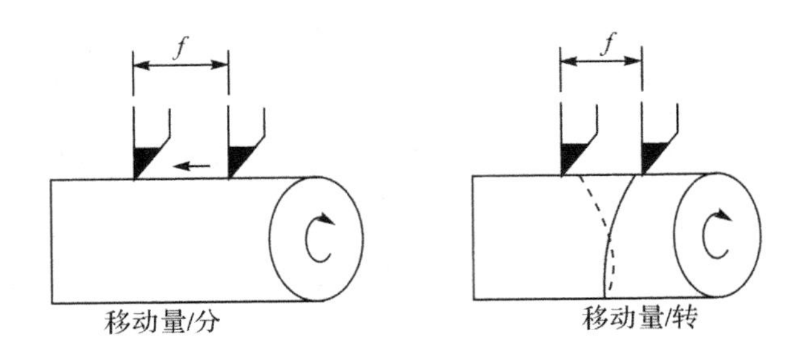

图5-28　直线进给率与旋转进给率

G98/G99设置位移量单位。切削位移能够用G98代码来指派每分钟的位移(毫米/分),或者用G99代码来指派每转位移(毫米/转)。

每分钟的移动速率(毫米/分)=每转位移速率(毫米/转)X主轴RPM。

(2)当编写程序时,第一次遇到直线(G01)或圆弧(G02/G03)插补指令时,必须编写进给功能F,如果没有编写F功能,则CNC采用m。当工作在快速定位(G00)方式时,机床将以通过机床轴参数设定的快速进给率移动,与编写的F指令无关。

(3)F功能为模态指令,实际进给率可以通过CNC操作面板上的进给倍率旋钮,在一定范围之间控制。

3. 主轴转速功能S

由地址码S和其后面的若干数字组成,单位为转速单位:转每分钟(r/min)。例如,S1260表示主轴转速为1260r/min。

提示:有些经济型(简易型)数控车床没有伺服主轴,即采用机械变速装置,编程时可以不编写S指令。

(1)线速度控制(G96)

NC车床用调整步幅和修改转速RPM的方法让速率划分成,如低速和高速区;在每一个区内的速率可以自由改变。

当数控机床的主轴为伺服主轴时,可以通过指令G96来设定恒线速度控制。系统通过改变RPM来控制相应的工件直径变化时维持稳定的切削速率。系统执行G96指令后,便认为用S指定的数值表示切削速度。例如G96 S200,表示切削速度为200m/min。

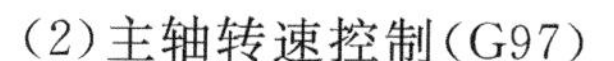

(2)主轴转速控制(G97)

G97 是取消恒线速度控制指令,编程 G97 后,G97 取消线速度控制,并且仅仅控制 RPM 的稳定。S 指定的数值表示主轴每分钟的转速。

例如 G97 S1200,表示主轴转速为 1200r/min。

(3)最高速度限制(G50)

G50 除有坐标系设定功能外,还有主轴最高转速设定功能。例如 G50 S2000,表示把主轴最高转速设定为 2000r/min。用恒定速度控制进行切削加工时,为了防止出现事故,必须限定主轴转速。

5.4 子程序

某些被加工的零件中,常常会出现几何形状完全相同的加工轨迹,在程序编制中,将有固定顺序和重复模式的程序段,作为子程序存放,可使程序简单化。主程序执行过程中如果需要某一个子程序,可以通过一定格式的子程序调用指令来调用该子程序,执行完后返回到主程序,继续执行后面的程序段。

1. 子程序的编程格式

子程序的格式与主程序相同,在子程序的开头编制子程序号,在子程序的结尾用 M99 指令(有些系统用 RET 返回)。

OXXXX(或:XXXX、PXXXX、%XXXX)

M99;

2. 子程序的调用格式

常用的子程序调用格式有 3 种。

(1)M98 PXXX XXXX

P 后面的前 3 位为重复调用次数,省略时为调用一次;后 4 位为子程序号,子程序最多可重复调用 9999 次。在第一个程序段中,NXXXX 可以用来代替跟随 O 的子程序号,N 之后的顺序号可作为子程序号寄存。

(2)M98PXXXX LXXXX

P 后面的 4 位为子程序号;L 后面的 4 位为重复调用次数,省略时为调用一次。

(3)CALL XXXX

子程序的格式为:

(SUB)

子程序结束时,如果用 P 指定顺序号,则不返回到上一级子程序调出的下一个程序段,而返回到用 P 指定的顺序号的程序段,但这种情况只用于存储器工作方式。

3. 子程序的多级嵌套

子程序可以再调用子程序,形成多级调用,最多可以进行四级嵌套调用。多级调用与单级调用的使用方法一样,子程序在返回时将返回其上一级,如图 5-29 所示。注意子程序调用不能调用主程序,否则形成无限循环。

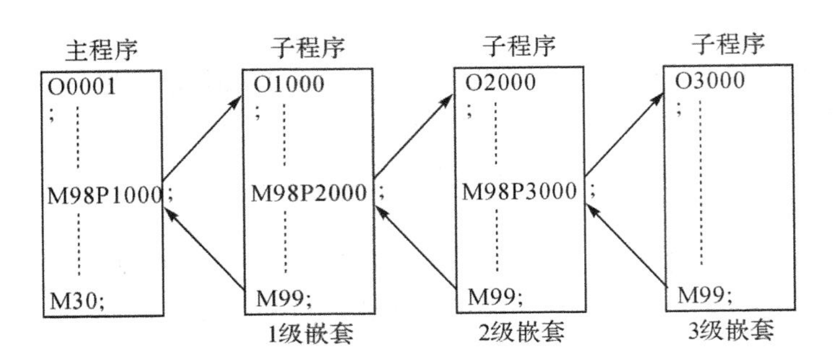

图 5-29　嵌套多级子程序

第6章 CAXA 2013数控车自动编程

6.1 数控车CAD/CAM软件简介

手工编程是使用者采用各种数学方法,使用一般的计算工具(包括电子计算器),对编程所需的各坐标点进行处理和计算,需要把图形分割成直线段和圆弧段,并把每段曲线的关键点的坐标一一列出,按这些关键点坐标进行编程。当零件的形状复杂或者有非圆曲线时,人工编程的工作量就会非常大,而且难以保证精度,同时也容易出错。自动编程方法则是采用人机交互的方法,由计算机绘制图形,再按照这一图形和指定的其他参数进行程序的自动生成。

数控编程经历了手工编程、APT语言编程和交互式图形编程三个阶段。由于交互式图形编程具有速度快、精度高、直观性好、使用简便、便于检查和修改等优点,已成为目前国内外普遍采用的数控编程方法。

交互式图形编程的实现是以CAD技术为前提的。数控编程的核心是刀位点计算,对于复杂的产品,其数控加工刀位点的人工计算十分困难,而CAD技术的发展为解决这一问题提供了有力的工具。因此,绝大多数的数控编程软件同时具备CAD的功能,因此称为CAD/CAM一体化软件。由于线切割加工的零件基本上是平面轮廓图形,一般不会切割自由曲面类零件,因此适用于线切割加工的工件图形工作基本上以二维绘图软件的功能为限。由于现有的CAD/CAM软件功能已相当成熟,因此使得数控编程的工作大大简化,对编程人员的技术背景、创造力的要求也大大降低,为该项技术的普及创造了有利的条件。事实上,在许多企业中,数控车床的编程是由操作工人自己完成的,而从事数控车床操作和编程的技工或工程师往往仅有中专甚至初中毕业的学历。

数控车CAD/CAM集成软件是最有效的线切割编程方法,它融绘图和编程于一体,可以按加工图样上标注的尺寸在计算机屏幕上作图输入,即可完成线切割代码的生成,输出符合机床需求的ISO格式的数控车程序。大多大型的CAD/CAM软件也都包含有数控车模块,如MASTERCAM、CIMATRON、UG NX等。目前在国内最为常用的数控车CAD/CAM软件是CAXA数控车。

CAXA数控车是北航海尔软件有限公司在CAXA电子图板的基础上开发,包含了CAXA电子图板的二维绘图功能,在绘图功能、操作方便性上都占有优势,已经成为数控车编程软件中使用最普遍的CAD/CAM软件。CAXA数控车当前最新版本为CAXA数控车2000版,可以为各种数控车床提供快速高效率高品质的数控编程代码,极大地简化了数控编程人员的工作。

CAXA 数控车 2013 版的运行环境是 Windows95/98 或 Windows NT，它可以完成绘图设计、加工代码生成、连机通信等功能，集图纸设计与代码编程于一体。CAXA 数控车 2013 版可以直接读取 EXB 格式文件、DWG 格式文件、DXF 格式文件以及 IGES 格式文件等各种类型的文件，使用得 CAD 软件生成的图形都可以直接读入 CAXA 数控车 2013 版。

6.2 CAXA 数控车的应用基础

6.2.1 CAXA 数控车的操作界面

图 6-1 是 CAXA 数控车 2013 版软件的基本操作界面，它主要包括 3 个部分：绘图功能区、菜单系统、状态栏。和其他 Windows 风格的软件一样，各种应用功能通过菜单条和工具条驱动；状态栏指导用户进行操作并提示当前状态和所处位置；绘图区显示各种绘图操作的结果；同时，绘图区和参数栏为用户实现各种功能提供数据的交互。

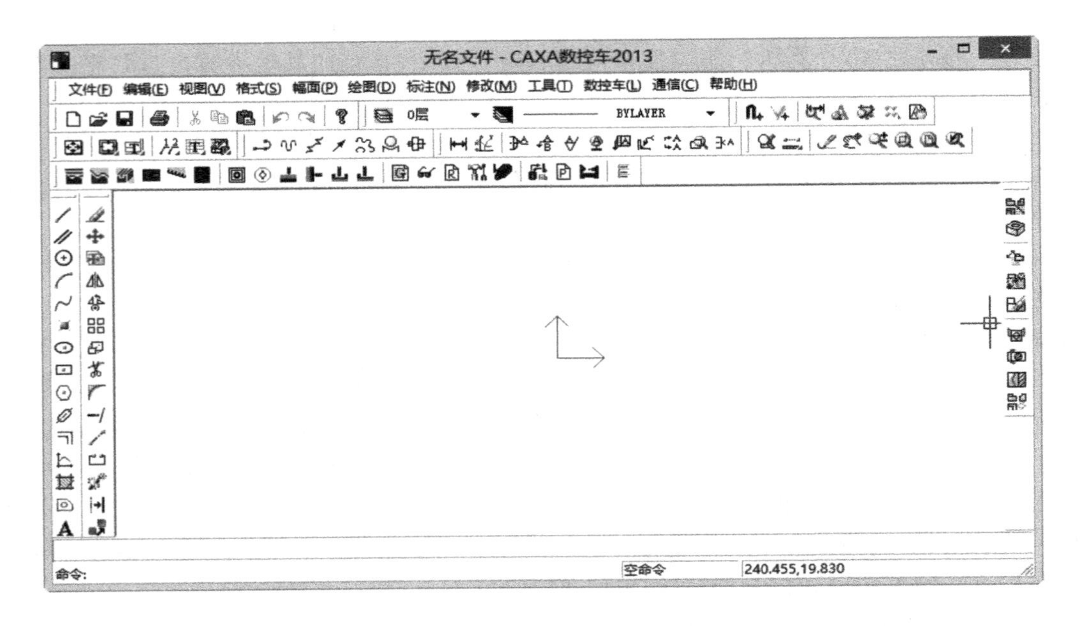

图 6-1 CAXA 数控车的基本操作界面

1. 绘图功能区

绘图功能区是为用户进行绘图设计的工作区域，占据了屏幕的大部分面积。绘图区中央设置有一个二维直角坐标系，此坐标即为绘图时的缺省坐标系。绘制图形时，合理利用用户坐标系可以使得坐标点的输入很方便，从而提高绘图效率。当给定一个坐标系的原点及坐标系 X 轴的旋转角后，用户可以自己设置坐标系。CAXA 数控车 2013 版软件最多只允许设置 16 个坐标，这 16 个坐标可以相互切换，可设为可见或不可见。

CAXA 数控车 2013 版的菜单系统包括下拉菜单、图标菜单、立即菜单和工具菜单四个部分。

2. 下拉菜单

下拉菜单位于屏幕的顶部，如图 6-1 所示，由一行主菜单及其下拉子菜单组成，主菜单有文件、编辑、显示、应用、设置、工具和帮助等 7 个主菜单选项所组成。而在每一菜单的下拉菜单中又有一系列的命令，如应用菜单中包括有曲线生成、数控车、曲线编辑、几何变换等几个子菜单。CAXA 的所有应用功能均可以通过下拉菜单选择相应的命令。

3. 图标菜单

图标菜单比较形象地表达了各个图标的功能。图标工具栏包括标准工具栏、常用工具栏、属性工具栏和绘图工具栏，如图 6-2 所示，点击图标工具栏的图标按钮，相当于在菜单中点击了相对应的命令。如单击图标╱，即相当于依次单击下拉菜单中"应用"→"曲线生成"→"直线"。

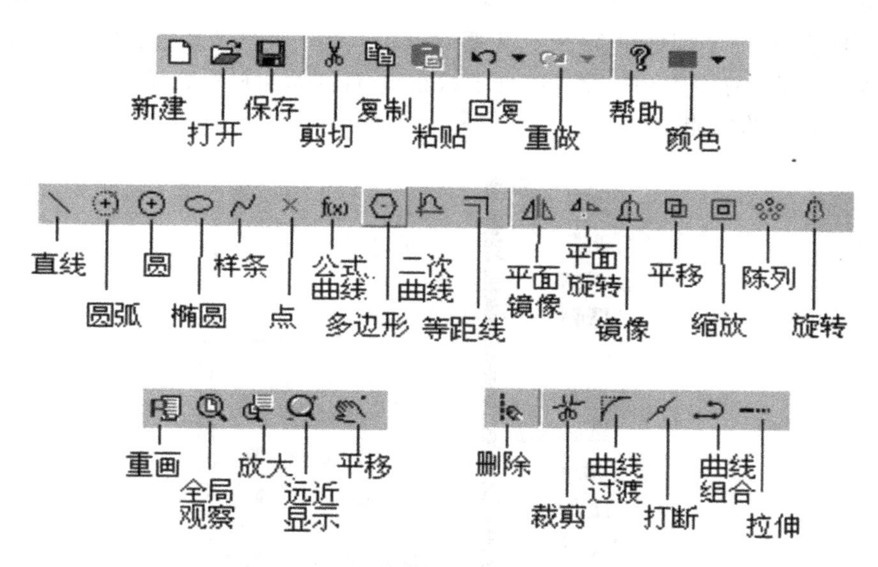

图 6-2 图标工具栏

图标工具栏可以在屏幕上任意移动，如在绘图区中间时，将显示带有标题和关闭符号的窗口或将其移动到绘图区上方时，将显示成横向排列的工具栏的一部分，并没有标题和关闭符号。又可将其移动到绘图区的左侧或者右侧时，将显示成直列的一条，并没有标题和关闭符号。用户可以根据自己的习惯和要求进行自定义图标工具栏，选择最常用的工具，放在适当位置。

图标菜单可以进行自定义。考虑到用户不同的工作方式、熟练程度、工作重点，软件提供了自定义操作。用户可以根据需要，选择打开不同的菜单，还可以定制不同的菜单、热键、工具条。

4. 立即菜单

当命令被执行时，在绘图区的左侧弹出一个菜单，它描述了该命令执行的各种情况和使用条件，并且可以根据当前的作图要求，正确选择各项参数，这种菜单叫作立即菜单。图 6-3所示的是绘制直线时的立即菜单。对立即菜单进行操作时，可以用鼠标直接点击需要改变的选项，如果是下接菜单的，可以在弹出的菜单中选择一个选项。或是文本框格式的，则在框内输入数值。

提示：立即菜单会根据选择的菜单选项不同而发生变化，可能对立即菜单中的选项进行增减。如画直线时，如使用“正交”方式时，会有“长度方式/点方式”选项，而使用“非正交”方式则没有“长度方式/点方式”选项。

图 6-3　绘制直线时的立即菜单

5. 工具菜单

CAXA 数控车 2013 可通过按空格键弹出的菜单作为当前命令状态下的子命令。在执行不同命令状态下，有不同的子命令组，主要有：点工具组、矢量工具组、轮廓拾取工具组，如图 6-4 所示。如果子命令是用来设置某种子状态，软件在状态栏中会显示提示命令。表 6-1 中列出了工具菜单的功能。

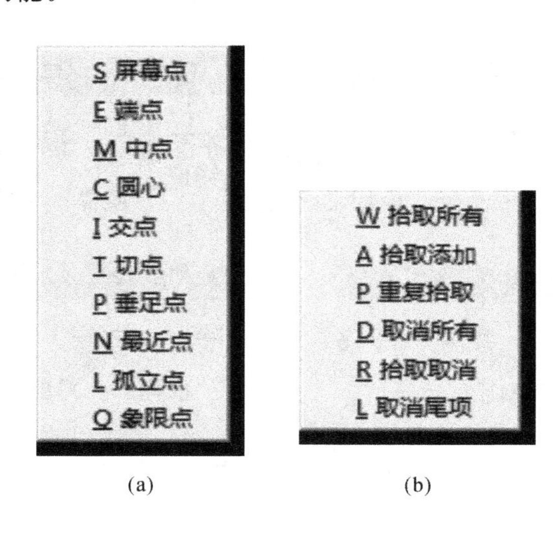

图 6-4　工具菜单

表 6-1　CAXA 数控车 2013 工具菜单项

弹出菜单项	说　明
点工具	确定当前选取点的方式，包括缺省点、屏幕点、端点、中点、圆心、垂足点、切点、最近点、控制点、刀位点和存在点等
矢量工具	确定矢量选取方向，包括直线方向、X 轴正方向、X 轴负方向、Y 轴正方向、Y 轴负方向、Z 轴正方向、Z 轴负方向和端点切矢
选择集拾取工具	确定拾取集合的方式，包括拾取添加、拾取所有、拾取取消、取消尾项和取消所有
轮廓拾取工具	确定轮廓的拾取方式，包括单个拾取、链拾取和限制链拾取等

6. 状态栏

屏幕底部为状态栏，它包括当前点坐标的显示、操作信息提示、工具菜单状态提示、点捕捉状态提示和命令与数据输入，如图 6-5 所示。

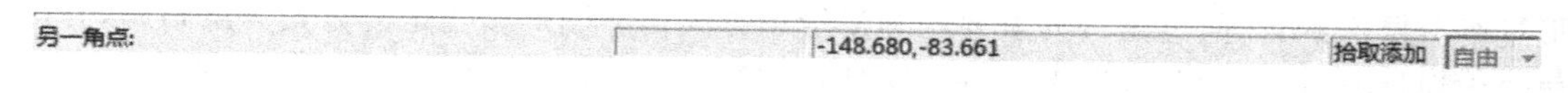

图 6-5　状态栏

进行图形绘制时，在状态栏中提示用户下一步进行什么操作，一般进行图形绘制或者编程时，应先设置立即菜单的内容，再根据提示进行操作。

6.2.2　绘图环境的设置

1. 工作坐标系

工作坐标系是用户建立模型时的参考坐标系。系统缺省的坐标系叫作“绝对坐标系”，用户定义的坐标系叫作“工作坐标系”。系统允许同时存在多个坐标系。其中正在使用的坐标系叫作“当前工作坐标系”，所有的输入均针对当前工作坐标系而言。其坐标架为红色，其他坐标的坐标架为白色。用户可以任意设定当前工作坐标系。在实际使用中，为作图的方便，用户常常需在特定的坐标系下操作。用户可以通过激活坐标系命令在各坐标系间切换。

对于坐标系的操作可以通过主菜单的工具选项中的坐标系子选项进行，如图 6-6 所示。如设置坐标系通过点击主菜单的“工具”→“用户坐标系”→“设置”，切换坐标系通过点击主菜单的“工具”→“用户坐标系”→“切换”。

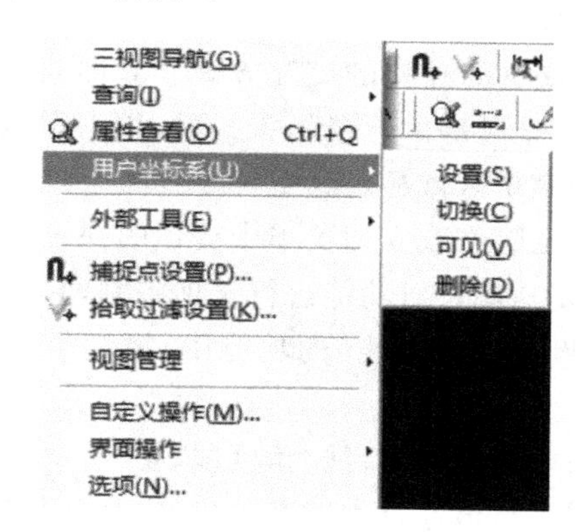

图 6-6　坐标系子菜单

在 CAXA 中，坐标系是以 XY 平面，相当于数控车床中应用的 ZX。即绘图 X 坐标相对应于数控车床编程坐标系(工件坐标系)的 Z 坐标，而 Y 坐标相对应于数控车床编程坐标系的 X 坐标。

2. 颜色

当前颜色是系统目前使用的颜色，生成的曲线或曲面的颜色取当前颜色。当前颜色显示在屏幕顶部的状态显示区。当前颜色可设定为当前层的颜色，只需简单地单击标记有“L”的颜色块对不同的图素选用不同的颜色，也是造型中常用的手法，这样可比较容易看清楚不同图素之间的关系。刀具轨迹的颜色不随当前颜色的改变而改变。

使用下拉菜单中的“格式”→“颜色”可以修改元素的显示颜色。

3. 当前层

当前层是指系统目前使用的图层,生成的图素均属于当前层。当前层名称显示在屏幕顶部的状态显示区。当前层的设定在图层管理功能里进行。以图层对图形进行管理即对图形进行分层次的管理,这是一种重要的图形管理方式。将图形按指定的方式分层归属,并按层给定属性,可以实现复杂图形的分层次处理,需要时又可以组合在一起进行处理。

图层有其状态和属性,每一个图层有一个唯一的图名,图层有其颜色属性,可将图层的颜色指定为当前颜色。图层的状态有可见性和操作锁定设置。通过图层可见性的设置可以实现整个图层上的图素的不可见(置于"隐藏"状态),如果图层处于"锁定"状态,则对该图层上的所有图素均不能进行操作及无法拾取,因此"锁定"状态可用来对图素进行保护不被修改。

使用下拉菜单中的"修改"→"改变层"可以修改元素所处的层。

4. 可见性

对生成的图素指定其是否在屏幕上显示出来,如指定某图素为不可见即隐藏该图素。使用工具栏的"可见"可以显示或者隐藏相应的图素。

使某些元素在屏幕上不可见,是进行复杂零件造型时常用的手段之一,这样可以使屏幕上可见的图素减少,可集中注意力于特定图素,比较容易看清楚图素之间的关系,拾取也比较方便,显示速度也加快。不可见的图素只是在屏幕上不出现,如果需要可用"可见"功能使其重新显示在屏幕上。

6.2.3 立即菜单的使用

立即菜单是 CAXA 软件提供的独特的交互方式。立即菜单的交互方式大大改善了交互过程。传统的交互方式是完全顺序的逐级问答式的,用户需按系统设定的交互路线逐项输入。在未选择命令时,立即菜单区域显示为空,如图 6-7(a)所示。

在交互过程中,如果需要随时修改立即菜单中提供的缺省值,就可打破完全顺序的交互过程。立即菜单的另一个主要功能是对功能进行选项控制,它得益于立即菜单的这种机制,可以实现功能的紧密组织。例如,在"直线"的功能中,提供了如图 6-7(b)所示的立即菜单选项。

在直线的生成方式中有:两点线、平行线、角度线、切线/法线和水平/铅垂线。

如果需要作平行线,只需简单地通过立即菜单切换到"平行线"选项,此时立即菜单变成如图 6-7(c)所示的示例,即可进行过点方式的平行线绘制。如果希望作给定距离的平行线,同样只需对立即菜单的第二项进行切换,此时立即菜单变为图 6-7(d)所示的示例。

可以看出,立即菜单使交互变得轻松自然,尤其对习惯使用键盘的用户,只要记住一个"直线"命令,即可在此功能下方便地完成所有的直线绘制在交互过程中,常常会遇到输入精确定位点的情况。这时,系统提供了点工具菜单。

6.2.4 点的输入

在交互过程中,常常会遇到输入精确定位点的情况。这时,系统提供了点工具菜单,如图 6-4(a)所示。可以同用点工具菜单来精确定位一个点。激活点工具菜单用键盘的空格键。

例如,在生成直线时,当系统提示"输入起点:"后,按空格键就会弹出点工具菜单。根据

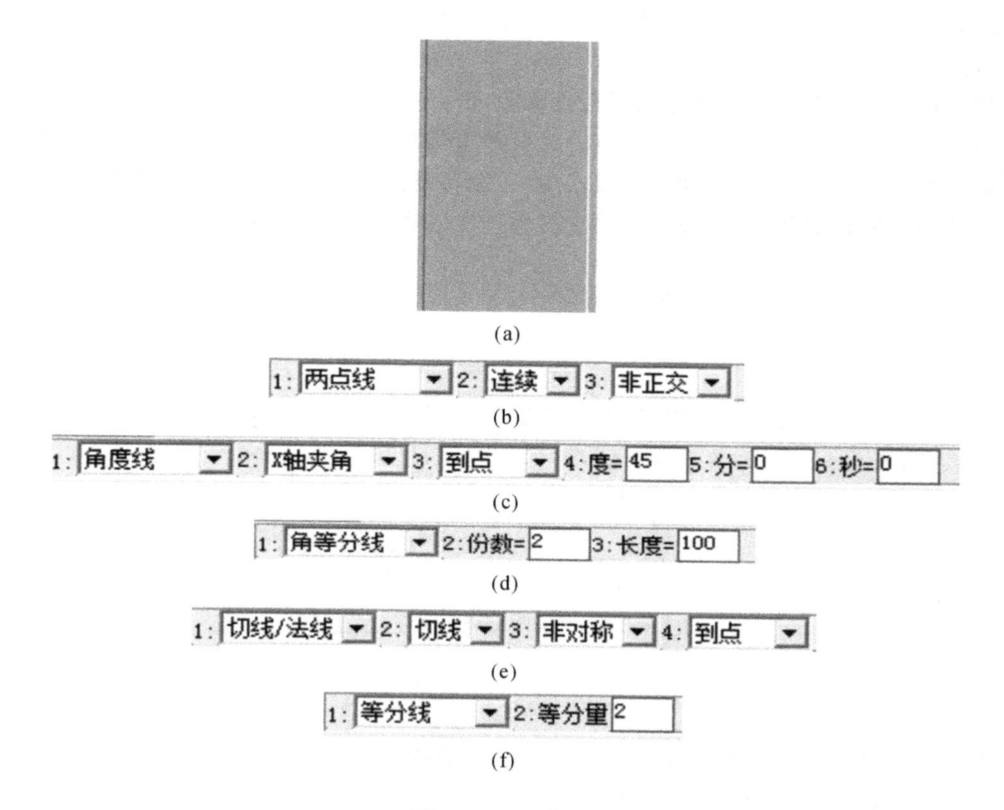

图 6-7　立即菜单

所需要的方式选择一种点定位方式就可以了。

用户可以使用热键来切换到所需要的点状态。热键就是点菜单中每种点前面的字母。如，在生成直线时，需要定位一个圆的圆心。那么，当系统提示“输入起点：”后，按“C”键就可以将点状态切换到圆心点状态。

下面是图 6-4(a)的各种点状态的具体含义：

屏幕点(S)：鼠标在屏幕上点取的当前平面上的点，如图 6-8 中的 S 点。

端点(E)：曲线的起终点，取与拾取点较近者，如图 6-8 中的 E1、E2 点。

中点(M)：曲线的弧长平分点，如图 6-8 中的 M1、M2 点。

交点(I)：曲线与曲线的交叉点，取离拾取点较近者，如图 6-8 中的 I 点。

圆心(C)：圆或弧的中心，如图 6-8 中的 C 点。

增量点(D)：给定点的坐标增量点，如图 6-8 中的 DC 点。

垂足点(P)：用于作垂线。

切点(T)：用于作切线和切圆弧。

最近点(N)：曲线上离输入点距离最近的点，如图 6-8 中的 CL 点。

控制点(K)：样条线的型值点、直线的端点和中点、圆弧的起终点和象限点。

刀位点(O)：刀具轨迹上的点。

存在点(G)：已生成的点。

缺省点(F):对拾取点依次搜索端点、中点、交点和屏幕点。进入系统时系统的点状态为缺省点。

用户可以选择对工具点状态是否进行锁定,这可在“系统参数设定”功能里进行(用户可根据需要和习惯选择相应的选项,具体情况请参看以后的介绍)。工具点状态锁定时,工具点状态一经指定即不改变,直到重新指定为止,但增量点例外,使用完后即恢复到非相对点状态。选择不锁定工具点状态时,工具点使用一次之后即恢复到“缺省点”状态。

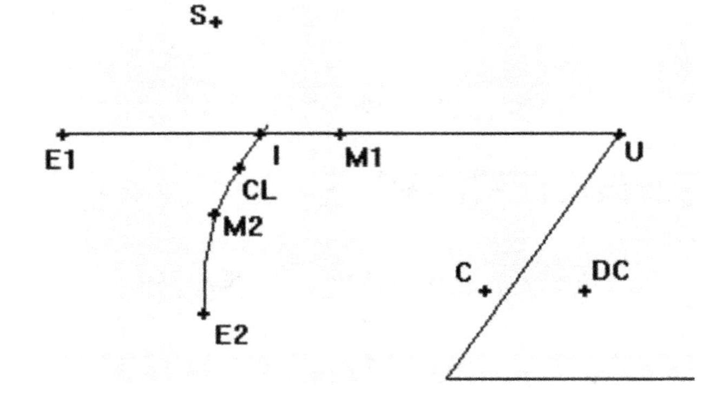

图 6-8　点示意图

用户可以通过系统底部的状态显示区了解当前的工具点状态。

在任何点状态下均可以用键盘(Enter 键或数值键激活)输入点的坐标值。输入时坐标值之间用“,”分隔。若仅输入两个坐标,则系统认为 Z 坐标为 0。若在坐标前加“@”,则是以前一点(用黄色亮点标识)为基点,以输入的坐标为偏移量的点。

如果用户定义了用户坐标系,且该坐标系被置为当前工作坐标系,那么在该坐标系下输入的坐标为用户坐标系的绝对坐标值。

相对坐标是指相对当前点的坐标,与坐标系原点无关。输入时,为了区分不同性质的坐标,系统规定:输入相对坐标时必须在第一个数值前面加上一个符号“@”,以表示相对。例如,输入一个“@60,84”,它表示相对当前点来说,输入了一个 X 坐标为 60,Y 坐标为 84 的点。当前点是前一次使用的点,在按下“@”之后,系统以黄色方块点显示当前点。

用户在输入任何一个坐标值时均可利用系统提供的表达式计算服务功能,直接输入表达式,如:“123.45/4,sin(36),-45.67 * cos(67)”,而不必事先计算好各分量的值。CAXA 系统具有计算功能,它不仅能进行加、减、乘、除、平方、开方和三角函数等常用的数值计算,还能完成复杂表达式的计算。

6.2.5　图素的拾取

在删除图形或者进行几何转换时,都要先后取相应的图素。图素的拾取方法有以下几种:

1. 直接点选

用户单击某图素,则该图素会变色表示已经选择,可以逐个依次拾取需处理的各条曲线。

2. 窗选

可以用窗选方式一次性选择多个图素，使用窗选，窗口由左向右拉时，窗口要包容整个对象才能拾取互到；从右往左拉时，只要拾取对象的一部分在窗口中就可以后取到。如图 6-9 所示使用窗选方式选择图素，如果先点 P1 点，再点击 P2 点，则图形中只有圆弧被选取；如果先点 P2 点，再点击 P1 点，则图形中的直线、圆弧被选取。

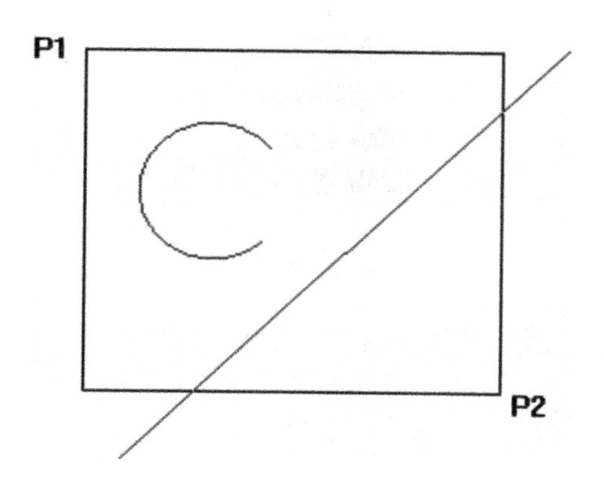

图 6-9　窗选方式示例

3. 轮廓拾取工具

由于在生成轨迹时经常需要拾取轮廓，在此对轮廓拾取方式作一专门介绍。轮廓拾取工具提供三种拾取方式：单个拾取，链拾取和限制链拾取。

“单个拾取”需用户依次拾取需批量处理的各条曲线。它适合于曲线条数不多且不适合于“链拾取”的情形。

“链拾取”需用户指定起始曲线及链搜索方向，系统按起始曲线及搜索方向自动寻找所有首尾搭接的曲线。它适合于需批量处理的曲线数目较大且无两根以上曲线搭接在一起的情形。

“限制链拾取”需用户指定起始曲线、搜索方向和限制曲线，系统按起始曲线及搜索方向自动寻找首尾搭接的曲线至指定的限制曲线。适用于避开有两根以上曲线搭接在一起的情形，以正确地拾取所需要的曲线。

6.3　图形绘制

6.3.1　曲线生成

基本曲线是指那些构成图形的基本元素，主要包括：直线、圆、圆弧、矩形、中心线、样条、轮廓线、等距线和剖面线。单击下拉菜单中“绘图”菜单，如图 6-10 所示，即可选择命令实现基本曲线的绘制。也可以在曲线工具栏中单击相应的图标按钮进行基本曲线的创建。

1. 直线

单击图标，或单击下拉菜单中“绘图”→“直线”。CAXA 数控车提供了 5 种绘制直线

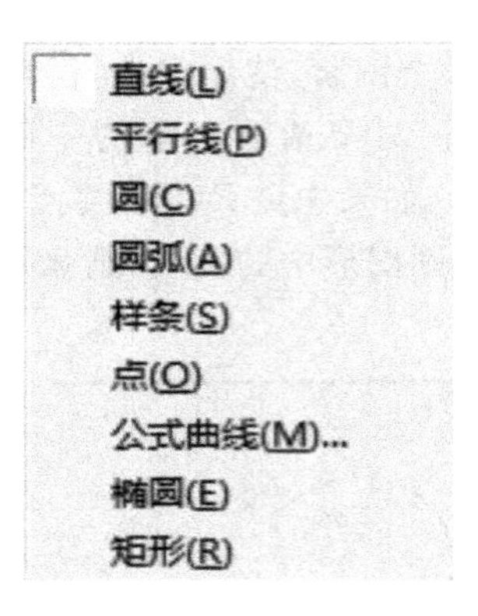

图 6-10　曲线菜单

的方法：两点线、平行线、角度线、角等分线、切线/法线、等分线。

（1）两点线

如图 6-11，单击立即菜单第 1 个选项，选择“两点线”，按给定的两点或者给定的连续条件绘制直线段。

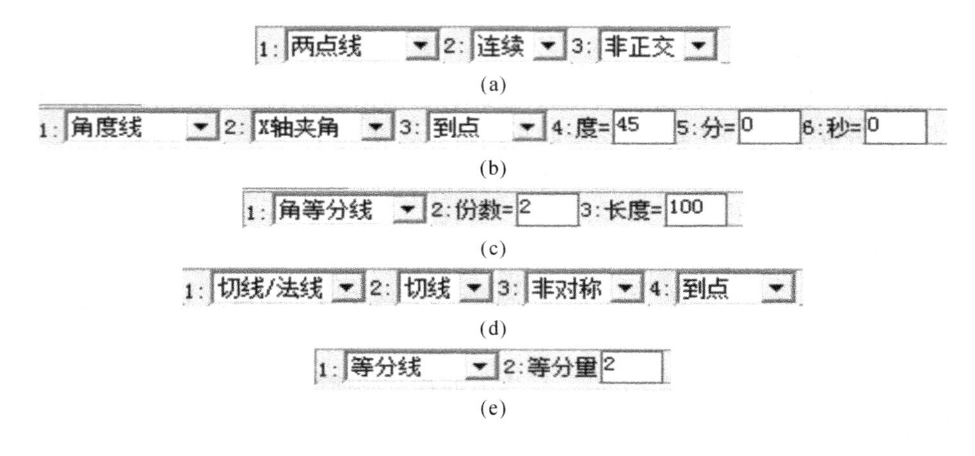

图 6-11　两点线菜单

单击第 2 个选项，选择“连续”或“单个”方式。连续方式将前一直线的端点作为起点进行直线的绘制，如图 6-12(a)所示；而单个则每次绘制的直线相互独立，互不相关，如图 6-12(b)所示。

单击第 3 个选项，选择“非正交”或“正交”方式。指定为正交方式时，所绘制的直线将与坐标轴平行。

单击第 4 个选项，选择“正交”方式，可以选择“点方式”或“长度方式”，如图 6-11(b)所示。

选择“长度方式”，出现“长度＝”对话框，如图 6-11(c)所示。在“长度”框输入直线段的长度值后回车即可。

提示：使用两点线方式可以画两圆弧的公切线。

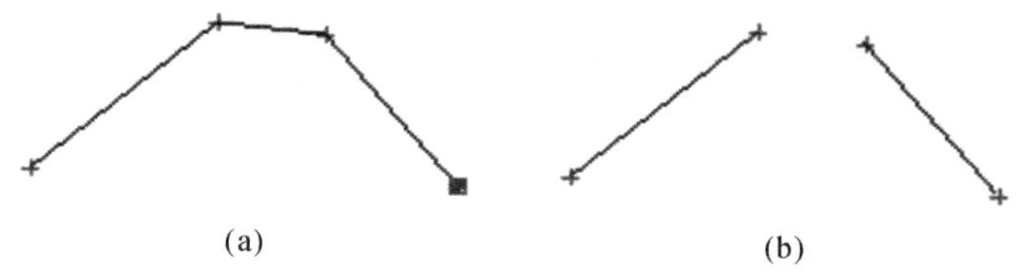

图 6-12　连续/单个

如图 6-13(a)所示为正交方式画两点线，可以看到画的线为水平或者垂直是由相对于起点距离较大的方向。如图 6-13(b)所示为同样的点以“非正交”方式画两点线。

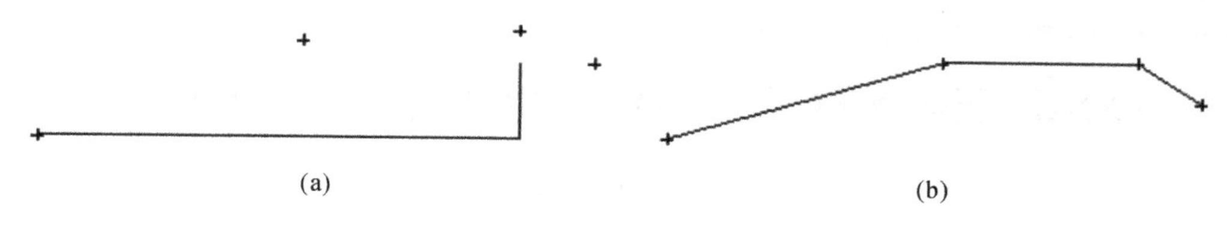

图 6-13　正交/非正交

(2) 平行线

单击【绘制工具】工具栏中【平行线】按钮，就能按给定的条件绘制平行线，如图 6-14 所示。

图 6-14　平行线

单击立即菜单【1:】，可以选择【偏移方式】或【两点方式】。

①偏移方式用于绘制与直线相距给定距离的平行线，单击立即菜单【2:单向】，其内容由【单向】变为【双向】，在双向条件下可以画出与已知线段平行、长度相等的双向平行线段。当在单向模式下，用键盘输入距离时，系统首先根据十字光标在所选线段的哪一侧来判断绘制线段的位置。

操作步骤：用鼠标拾取一条已知线段；拾取后，该提示改为【输入距离或点】；在移动鼠标时，一条与已知线段平行、并且长度相等的线段被鼠标拖动着；待位置确定后，单击鼠标左键，一条平行线段被画出；也可用键盘输入一个距离数值，两种方法的效果相同；如图 6-15 所示，选择 L1，再点击 P1，生成直线 L2。

②选择两点方式后，可以单击立即菜单 2 来选择【点方式】或距离方式，根据系统提示即可绘制相应的线段。

操作步骤：先在立即菜单中设定点方式还是距离方式，再用鼠标选择一条已知直线的点，选择一个偏移方向点击鼠标即可完成绘制。如图 6-15 所示，选择 L1，指定偏移方向朝下，生成直线为 L3。

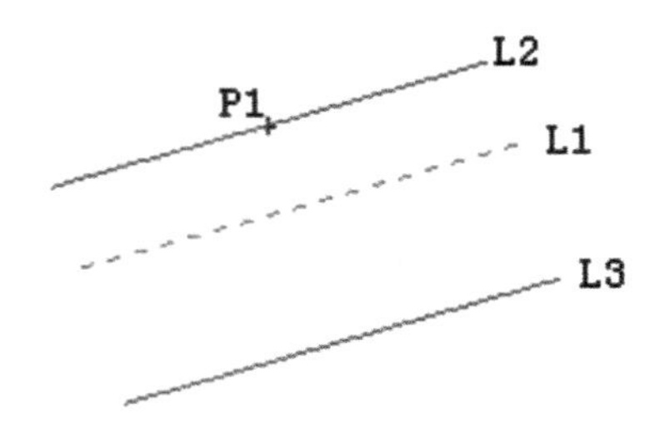

图 6-15　绘制平行线

（3）角度线

在绘制直线的立即菜单中，单击第 1 个选项，选择“角度线”，就能绘制与给定坐标轴或直线成一定角度的直线，如图 6-16 所示。

图 6-16　角度线菜单

单击第 2 个选项，选择“X 轴夹角”、“Y 轴夹角”或“直线夹角”，如图 6-17(b)所示。

单击第 3 个选项，角度文本框中输入相应的角度值按回车即可。

图 6-17(a)所示为指定为“X 轴夹角”、角度为 30°的角度线；图 6-17(b)所示为指定为“Y 轴夹角”、角度为 30°的角度线；图 6-17(c)所示为指定为“直线夹角”、角度为 30°的角度线。

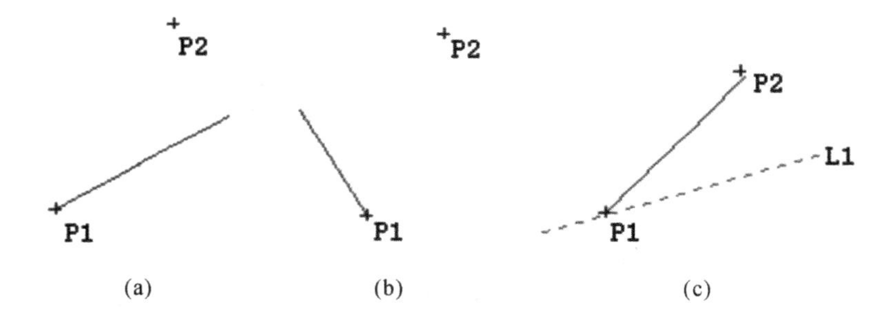

图 6-17　绘制角度线

（4）切线/法线

在绘制直线的立即菜单中，单击第 1 个选项，选择“切线/法线”，就能按给定的要求绘制已知曲线的切线或法线，如图 6-18 所示。

图 6-18　切线/法线菜单

单击第 2 个选项，选择“切线”或“法线”。

单击第 3 个选项，在长度文本框内可以输入所绘制的直线段的长度。

如图 6-19 所示，选择相切的圆弧 A1，点击 P1 点生成切线 L1；点击 P2 点生成切线 L2。

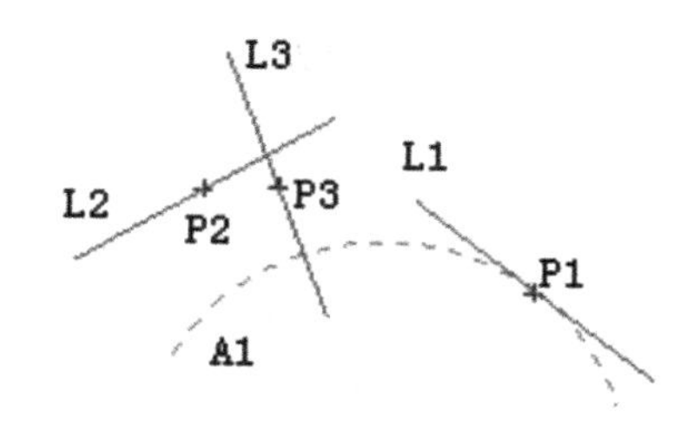

图 6-19　绘制切线/法线

注意，切线可以是平行于切线的一条直线，指定的点将作为所作直线的中点。作法线时，点击 P3 点生成法线 L3。

（5）角等分线

在绘制直线的立即菜单中，单击第 1 个选项，选择“角等分线”，就能按给定的份数和长度绘制某个角的等分线，如图 6-20 所示。单击第 2 个选项，输入角等分线份数值按回车。

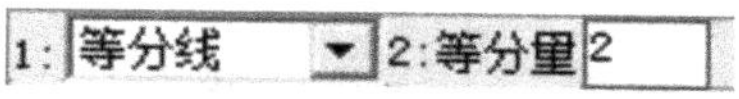

1: 等分线 2:等分量 2

图 6-20　角等分线菜单

单击第 3 个选项，输入角等分线长度值按回车。

如图 6-21 所示为绘制角等分线的一个示例。

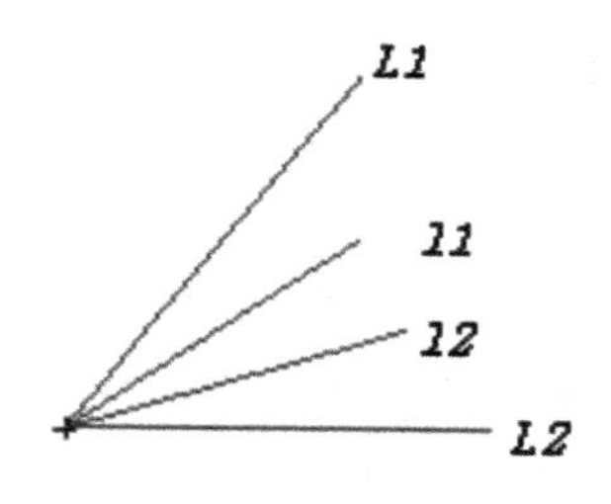

图 6-21　绘制角等分线

（6）水平垂直线

水平垂直线以指定的点为中点，生成一定长度的与 X 轴水平、垂直的直线或者同时做出水平线和垂直线。如图 6-22 所示为水平/垂直线示例。水平线，点击 P2 生成 L2；垂直线，点击 P1 生成 L1；水平/垂直线，点击 P3 生成十字线。

2. 圆

单击图标⊙，或单击下拉菜单中“应用”→“曲线生成”→“圆”。CAXA 数控车提供 4 种绘制圆的方法：圆心_半径、两点、三点、两点_半径，其立即菜单如图 6-23 所示。

（1）圆心_半径

在绘制圆的立即菜单中，单击第 1 个选项，选择“圆心_半径”，立即菜单出现如图 6-23(a)所示的对话框。

在屏幕上用鼠标选择圆心，单击左键确定。圆的半径可以通过拖动鼠标至合适位置再单击左键确定，半径为两点距离的绝对值，也可以单击第 2 个选项，选择“半径”或“直径”，然

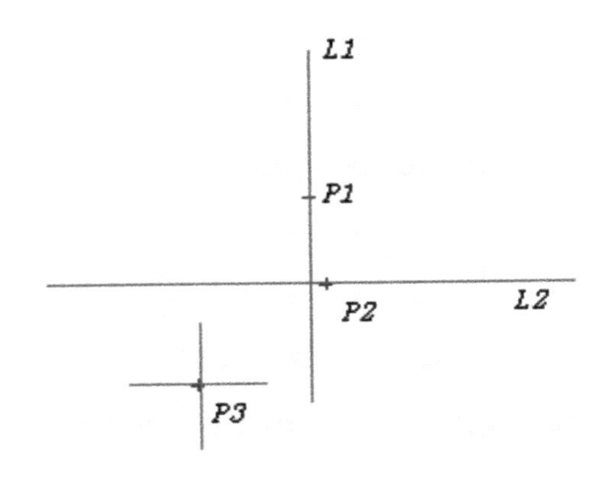

图 6-22　水平/垂直线

1: 圆心_半径 ▼ 2: 直径 ▼ 3: 无中心线 ▼

图 6-23　画圆立即菜单

后输入半径或直径的数值确定。如图 6-24(a)所示为指定圆心和圆上的一点生成圆。

(2) 三点

在绘制圆的立即菜单中，单击第 1 个选项，选择“三点”，按屏幕提示用鼠标或键盘输入圆上的第一点和第二点，屏幕上会生成一个通过这两点、第三点由光标位置确定的动态的圆。三个点的确定可以通过“工具点菜单”选项来实现。如图 6-24(b)所示为指定三点生成圆。

(3) 两点__半径

在绘制圆的立即菜单中，单击第 1 个选项，选择“两点__半径”，按屏幕提示用鼠标或键盘输入圆上的第一点和第二点，屏幕上会生成一个通过这两点、第三点由光标位置确定的动态的圆。圆的第一点和第二点的确定可以通过“工具点菜单”选项来实现，第三点可以通过“工具点菜单”选项来确定，也可以用键盘输入圆的半径。如图 6-24(c)所示为指定点确定半径生成圆，而如图 6-24(d)所示为指定半径值生成圆。

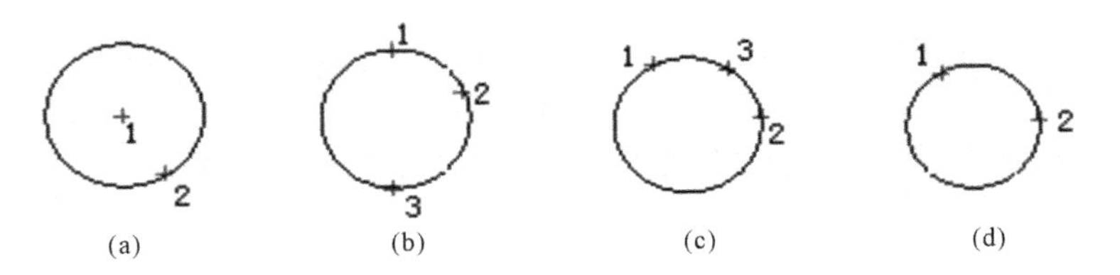

图 6-24　绘制圆

3. 圆弧

单击图标，或单击下拉菜单中“绘图”→“圆弧”进行圆弧的绘制。CAXA 数控车提供 6 种绘制圆弧的方法：三点圆弧、圆心__起点__圆心角、两点__半径、圆心__半径__起终角、起点__终点__圆心角、起点__半径__起终角(图 6-25(a))。

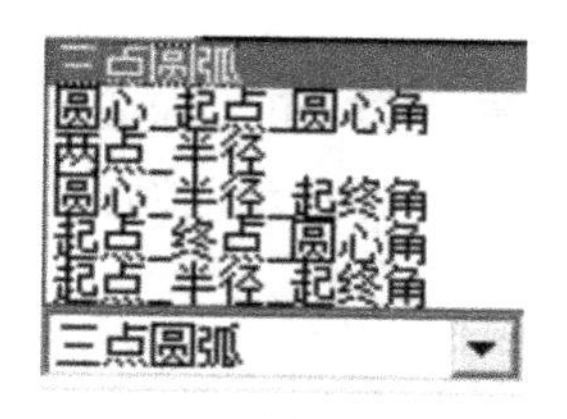

(a)

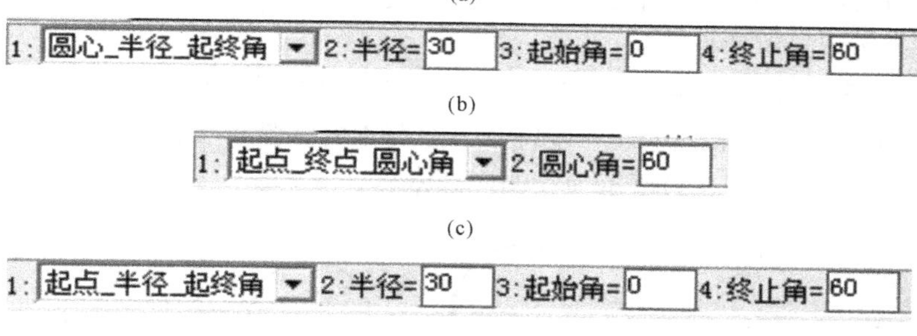

(b)

(c)

(d)

图 6-25　圆弧立即菜单

(1) 三点圆弧

在绘制圆弧的立即菜单中，单击第 1 个选项，选择“三点圆弧”，按屏幕提示用鼠标或键盘输入第一点和第二点，屏幕上会生成过上述两点和光标所在位置的动态圆弧，用鼠标拖动圆弧第三点到合适的位置点击左键即可。捕捉屏幕上的点时，可以先按空格键，系统弹出“工具点菜单”，再选择所选点的类型即可，如图 6-26(a)所示为绘制圆弧示例。

(2) 圆心__起点__圆心角

在绘制圆弧的立即菜单中，单击第 1 个选项，选择“圆心__起点__圆心角”，按屏幕提示用鼠标或键盘输入圆心和起点，屏幕上会生成一段起点和圆心固定、终点随光标移动的圆弧。圆心和起点的捕捉可以通过“工具点菜单”选项来实现；终点的确定既可通过鼠标来实现，也可以用键盘输入圆弧的圆心角，如图 6-26(b)所示为绘制圆弧示例。

(3) 两点__半径

在绘制圆弧的立即菜单中，单击第 1 个选项，选择“两点__半径”，按屏幕提示用鼠标或键盘圆弧的起点和终点，屏幕上会生成一段起点和终点固定、半径随光标移动的圆弧。起点和终点的捕捉可以通过“工具点菜单”选项来实现；终点的确定既可通过鼠标来实现，也可以用键盘输入圆弧的半径，如图 6-26(c)所示为绘制圆弧示例。

(4) 圆心__半径__起终角

在绘制圆弧的立即菜单中，单击第 1 个选项，选择“圆心__半径__起终角”，立即菜单系统切换成如图 6-25(b)所示的对话框。

单击第 2 个选项，输入圆弧半径，单击第 3 个选项，输入圆弧起始角，单击第 4 个选项，输入圆弧终止角。此时，在屏幕上将生成一段符合上述条件的圆弧，拖动圆弧圆心至合适位置，单击鼠标左键即可，如图 6-26(d)所示为绘制圆弧示例。

(5) 起点__终点__圆心角

在绘制圆弧的立即菜单中，单击第 1 个选项，选择“起点__终点__圆心角”，立即菜单系统切换成如图 6-25(c)所示的对话框。

单击第 2 个选项，输入圆弧圆心角，然后用鼠标或键盘确定圆弧的起点，这时在屏幕上会出现一段起点和圆心角固定，终点随光标移动的圆弧。圆弧终点可由鼠标或键盘来确定，如图 6-26(d)所示为绘制圆弧示例。

(6) 起点__半径__起终角

在绘制圆弧的立即菜单中，单击第 1 个选项，选择“起点__半径__起终角”，立即菜单出现如图 6-25(d)所示的对话框。

单击第 2 个选项，输入圆弧半径，单击第 3 个选项，输入圆弧起始角，单击第 4 个选项，输入终止角。此时在屏幕上将生成一段符合上述要求的圆弧，拖动圆弧圆心至合适位置，单击鼠标左键即可。如图 6-26(f)所示为绘制圆弧示例。

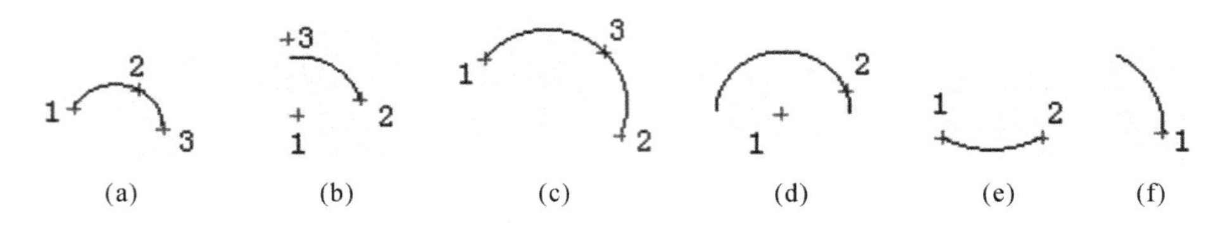

(a)　(b)　(c)　(d)　(e)　(f)

图 6-26　绘制圆弧

4. 样条

单击图标，或单击下拉菜单中“绘图”→“样条”。CAXA 的样条绘制立即菜单如图 6-27 所示。

单击第 1 个选项，选择“逼近”，指定逼近精度，再在屏幕上指定样条的控制点即可生成样条线。

1: 从文件读入　1: 直接作图 2: 给定切矢 3: 开曲线　1: 直接作图 2: 缺省切矢 3: 开曲线

(a)　(b)　(c)

图 6-27　样条菜单

单击第 1 个选项，选择“直接作图”，立即菜单切换成如图 6-27(b)所示。单击第 2 个选项，选择“缺省切矢”或“给定切矢”。如果选择“缺省切矢”，则系统将根据点的性质，自动确定端点切矢；如果选择“给定切矢”，则用右键结束输入插值点后，用鼠标或键盘输入一点，该点与端点形成的矢量作为给定的端点切矢。单击第 3 个选项，选择“闭曲线”或“开曲线”，闭曲线自动将最后一点与第一点相连。

5. 点

单击曲线生成工具图标，即可激活点生成功能，通过切换立即菜单，如图 6-28 所示，可以用下面几种方式生成点。

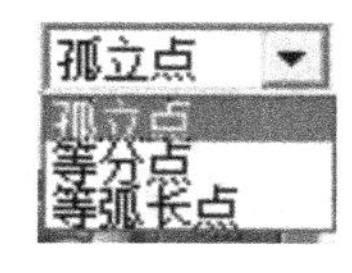

图 6-28　点菜单

(1)孤立点在曲线上生成点,如图 6-29(a)所示。

(2)等分点生成曲线上间隔为给定弧长的点,如图 6-29(b)所示。

(3)等弧长点生成圆弧上等圆心角间隔的点,如图 6-29(c)所示。

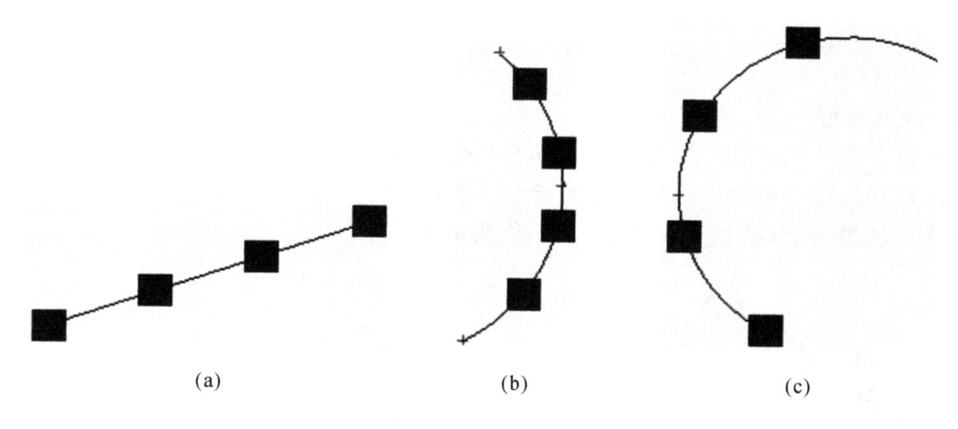

图 6-29　批量点生成

6. 等距线

单击图标,这里的等距线包括了变等距。在选择了一条直线后,指定偏移方向,即可生成等距的曲线。

图 6-30　等距线菜单

6.3.2　曲线编辑

CAXA 数控车提供了 6 种曲线编辑的功能:裁剪、过渡、齐边、打断、拉伸、打散。单击下拉菜单中“修改”菜单,如图 6-31 所示,即可选择命令实现基本曲线的编辑。在曲线编辑工具栏中选择相应的图标按钮进行曲线的编辑。

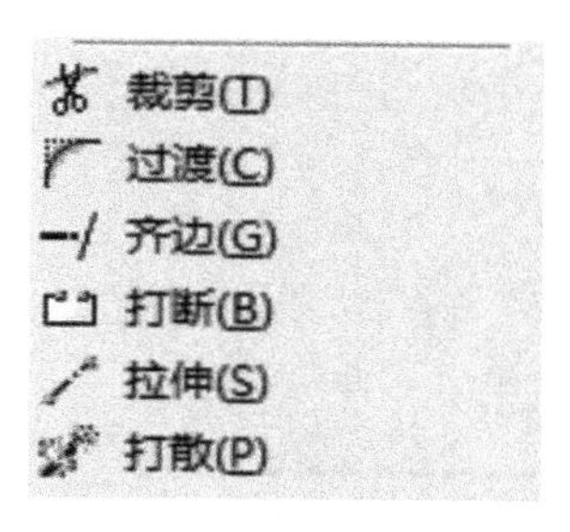

图 6-31　曲线编辑

1. 裁剪

单击图标,或单击下拉菜单中“修改”→“裁剪”。CAXA 数控车提供了 4 种裁剪曲线的方法:快速裁剪、修剪、线裁剪和点裁剪,如图 6-32 所示。

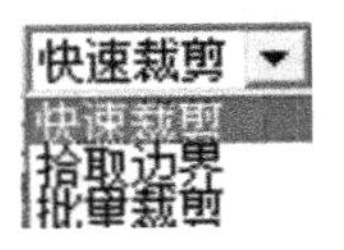

图 6-32　裁剪菜单

（1）快速裁剪

单击第 1 个选项，选择“快速裁剪”，按屏幕提示用鼠标直接点取被裁剪的曲线，系统自动判断边界并执行裁剪命令。快速裁剪指令一般用于比较简单的边界情况，以便于提高绘图的效率。如图 6-33(b)所示为图 6-33(a)作修剪的结果。

图 6-33　快速裁剪

（2）修剪

指定为修剪方式后，按屏幕提示拾取一条或多条边界线，拾取完后单击鼠标右键确定。再根据屏幕提示选择被裁剪的曲线，单击鼠标左键，点取的曲线段至边界部分被裁剪掉，边界另一侧的曲线被保留。如图 6-34(a)所示，指定深色线为修剪边界线，点击两条直线进行修剪，修剪的结果如图 6-34(b)所示。

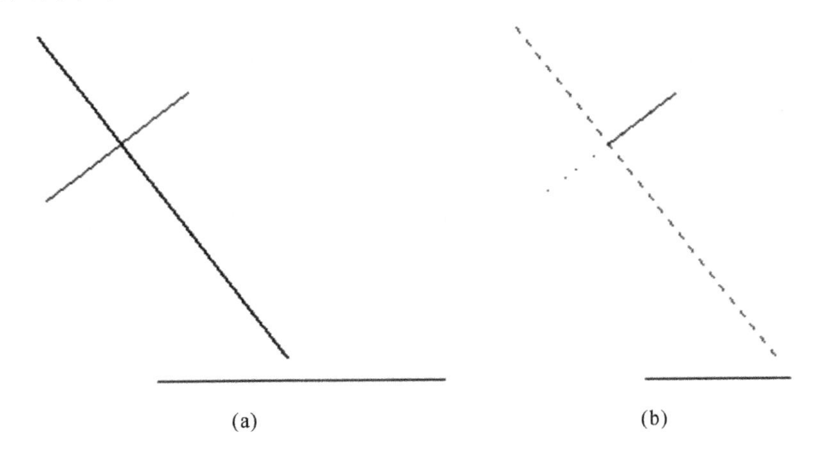

图 6-34　裁剪

（3）线裁剪

在裁剪与修剪方式的差别在于，系统剪掉拾取的曲线段，保留另一侧曲线。

（4）点裁剪

用点作为剪刀，拾取被裁剪曲线后，利用点工具输入一点，系统对曲线在离剪刀点最近的地方进行裁剪。

2. 过渡

单击图标，或单击下拉菜单中"修改"→"过渡"。CAXA 提供了 3 种过渡方式：圆角过渡、倒角过渡、尖角过渡。曲线过渡是对指定的两条曲线进行圆弧过渡、尖角过渡或对两条直线倒角。

（1）圆角过渡

用于在两条曲线之间进行给定半径的圆弧光滑过渡。

单击第 1 个选项，选择"圆角过渡"，立即菜单出现如图 6-35(a)所示对话框。

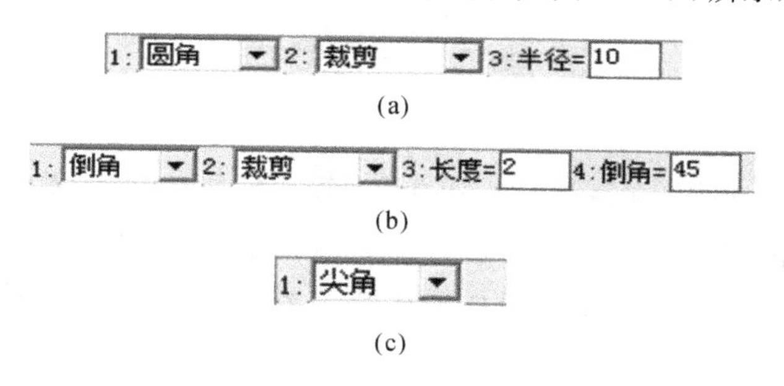

图 6-35　过渡

单击第 2 个选项，选择裁剪方式：裁剪，裁剪始边、不裁剪，如图 6-36 所示为设定裁剪方式的示意图。单击第 3 个选项，输入圆角的半径。然后按屏幕提示用鼠标选择要进行圆角过渡编辑的两条曲线。拾取曲线时要注意拾取点的位置，位置不同，得到的结果也不同。

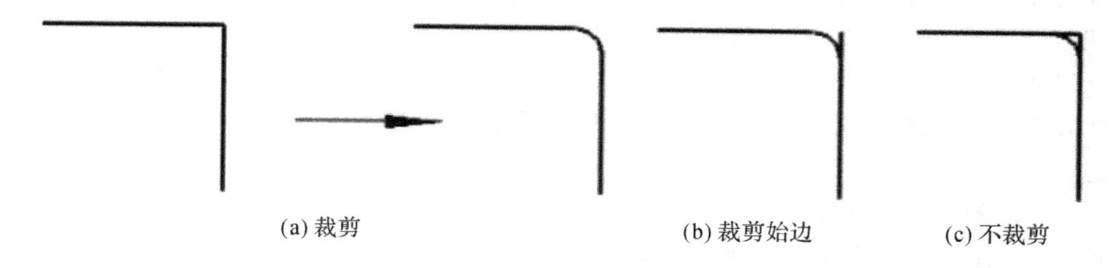

图 6-36　裁剪方式

单击第 2 个选项，输入圆角半径，然后按屏幕提示选择两条相交的直线，单击鼠标右键确定即可。

（2）倒角过渡

用于在给定的两条曲线之间进行过渡，过渡后在两曲线之间倒一条直线。

单击第 1 个选项，选择"倒角过渡"，立即菜单出现如图 6-35(b)所示对话框。

单击第 2 个选项，选择裁剪方式：裁剪、裁剪始边、不裁剪，含义与"圆角过渡"的裁剪方式类似。单击第 3 个选项，输入倒角的长度，单击第 4 个选项，输入倒角的角度。按屏幕提示用鼠标拾取要进行倒角过渡的两条直线即可。

单击第 2 个选项，输入倒角的长度，单击第 3 个选项，输入倒角的角度，按屏幕提示分别用鼠标拾取三条两两垂直的直线即可，如图6-37所示的2号角落。

(3) 尖角过渡

此命令用于在两条直线的交点处形成尖角过渡，曲线在尖角处被裁剪或沿角的方向延伸。单击第1个选项，选择“尖角过渡”，按屏幕提示分别拾取两条曲线后单击鼠标右键即可。

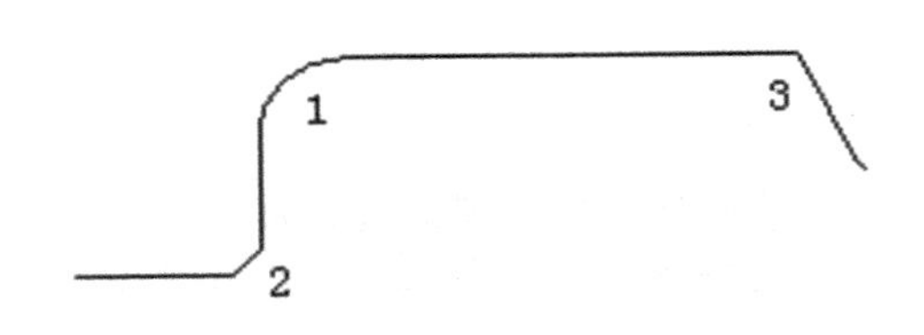

图6-37　过渡示例

(4) 打断

此命令是将一条曲线在某点处打断成两条曲线。单击图标，单击下拉菜单中“修改”→“打断”，按屏幕提示先选择一条带打断的曲线，再用鼠标确定打断点的位置后单击鼠标右键即可。打断点的捕捉可以通过“工具点菜单”选项来实现。打断后的曲线变成了两条无任何联系的独立的实体。

组合是打断的逆动作，可以将两条线连接在一起。

(5) 拉伸

单击图标，或单击下拉菜单中“修改”→“拉伸”。

当拾取的曲线为直线时，单击第2个选项，选择“轴向拉伸”或“任意拉伸”。轴向拉伸保持直线方向不变，改变靠近拾取点的直线端点的位置。轴向拉伸方式又可分为“点方式”和“长度方式”，单击第3个选项，选择。选择“点方式”时，拉伸后的端点位置是鼠标位置在直线上的垂足；选择“长度方式”时，输入拉伸长度，直线将延伸至指定的长度，如果输入的拉伸长度为负值，直线将反向延伸。任意拉伸时靠近拾取点的直线端点位置完全由鼠标位置决定。

当拾取的曲线为圆时，屏幕生成一个中心点固定、圆的半径随光标移动的动态的圆，拖动鼠标至合适的点单击左键或通过键盘输入圆的半径即可。

当拾取的曲线为样条线时，系统提示“拾取插值点”，用鼠标选择合适的插值点，拖动鼠标，样条线的形状也将随之改变，当插值点被拖动到目标位置时单击鼠标左键即可。

6.3.3　几何变换

CAXA数控车的几何转换功能包括平移、旋转、镜像、比例缩放、阵列等选项，其中旋转和镜像在数控车加工应用中很少用到，一般只用平面旋转或平面镜像。通过几何转换，可以快速地复制具有同样特征的图素。单击下拉菜单中“修改”菜单，如图6-38所示，即可选择命令实现基本曲线的几何变换。

1. 平移

单击图标，或单击下拉菜单中“修改”→“平移”。CAXA线切割提供了2种平移的方法：给定偏移、给定两点。

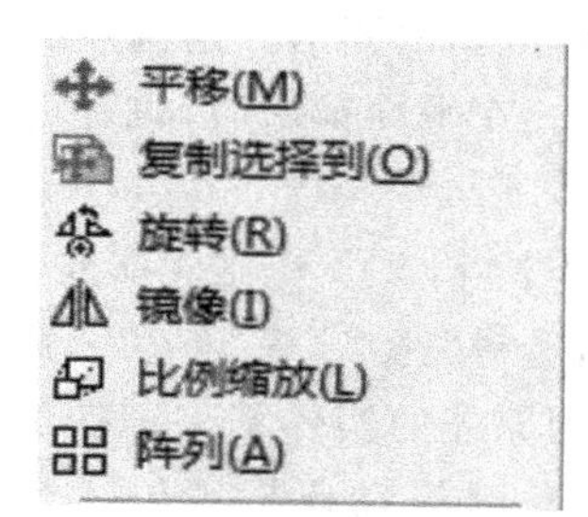

图 6-38 几何变换菜单

(1)给定偏移量

给定偏移是通过输入一个偏移量对拾取的实体进行平移或复制。单击第 1 个选项,选择“给定偏移”,立即菜单出现如图 6-39(b)所示对话框。可以指定 X、Y、Z 方向的移动距离进行图素的移动。

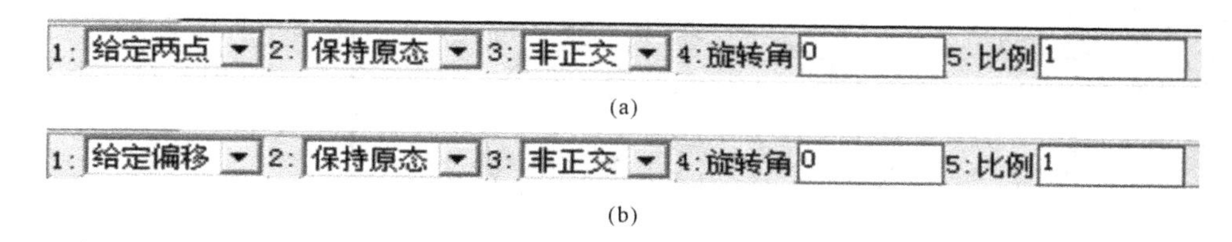

图 6-39 平移菜单

选择“保持原态”或“平移为块”。

(2)指定两点进行平移

单击第 1 个选项,选择“给定两点”。

单击第 2 个选项,选择“保持原态”或“平移为块”。

单击第 3 个选项,选择移动方向是“正交”还是“非正交”。

2. 平面旋转

单击图标,或单击下拉菜单中“修改”→“平面旋转”。平面旋转的立即菜单如图 6-40 所示。

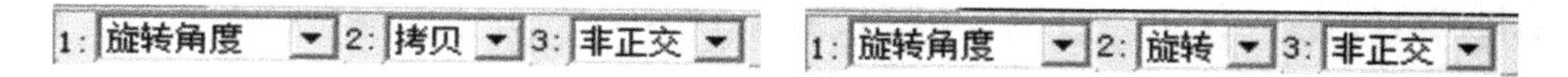

图 6-40 平面旋转菜单

单击第 1 个选项,选择“移动”或“拷贝”。采用“移动”方式,命令执行完毕后原先的实体消失,而采用“拷贝”方式,原先的实体保留。当使用拷贝方式时,可以设定复制份数。按屏幕提示拾取元素,完毕后单击右键,再按屏幕提示输入旋转的基点,此时拖动光标能实现实体任意角度的旋转,也可以通过键盘输入旋转角度按回车确定。

3. 平面镜像

单击图标,或单击下拉菜单中“修改”→“平面镜像”。

按屏幕提示拾取实体,完毕后单击鼠标右键,再按屏幕提示输入两点,系统以这两点所形成的直线段作为镜像的对称轴生成新的图形。这两点的捕捉以通过“工具点菜单”选项来确定，也可以用键盘输入点的坐标。在平面镜像时，也有“移动”或“拷贝”选项。

4. 比例缩放

单击图标，或单击下拉菜单中“修改”→“比例缩放”。此命令能实现对拾取的实体进行放大或缩小。单击第1个选项，选择“拷贝”或“移动”，而选择“拷贝”，则按比例缩放后原先的实体被保留，而选择“移动”，则原先的实体消失。按屏幕提示拾取实体，完毕后单击鼠标右键，再按屏幕提示拾取基点，此时拖动鼠标或输入比例系数就能实现实体的放大和缩小。

(a) (b)

图 6-41 比例缩放菜单

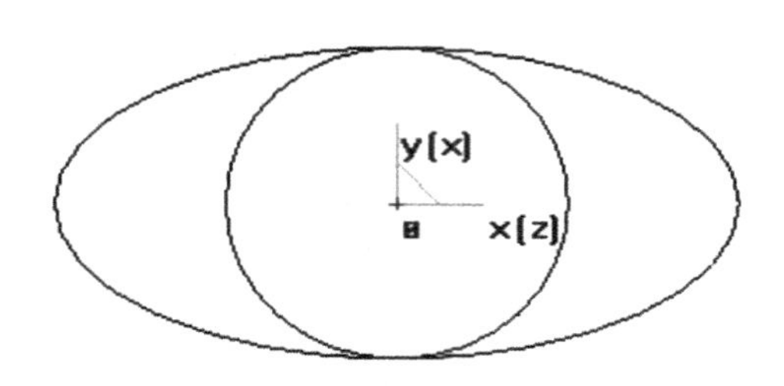

图 6-42 不等比例缩放示例

5. 阵列

阵列的目的是通过一次操作生成多个相同形状的实体，以提高绘图效率。单击图标，或单击下拉菜单中“应用”→“几何变换”→“阵列”。CAXA数控车提供了2种阵列的方式：圆形阵列、矩形阵列。

(1)圆形阵列

单击第1个选项，选择“圆形阵列”，立即菜单出现如图6-43所示对话框。

单击第2个选项，选择“旋转”或“不旋转”。

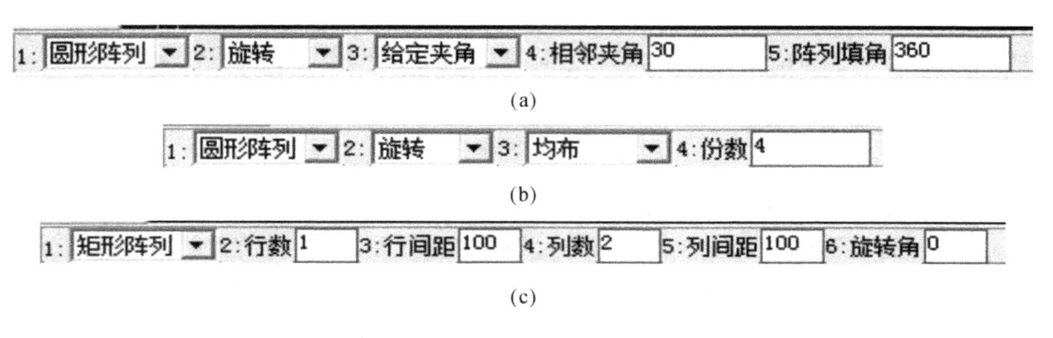

(a)

(b)

(c)

图 6-43 圆形阵列菜单

单击第3个选项，选择“均布”或“给定夹角”。如果选择“均布”，立即菜单如图6-43(a)

所示，单击第 3 个选项，选择阵列的份数；如果选择“给定夹角”，立即菜单如图 6-43(b)所示，单击第 3 个选项，确定阵列后相邻两实体与中心点连线的夹角，单击第 4 个选项，确定阵列填角。

(2)矩形阵列

单击第 1 个选项，选择“矩形”，立即菜单出现如图 6-44(c)所示对话框。

单击第 2 个选项，输入阵列的行数(取值范围 1～65532)，单击第 3 个选项，输入行间距(取值范围 0.010～99999)，单击第 4 个选项，输入阵列的列数(取值范围 1～65532)，单击第 5 个选项，输入列间距(取值范围 0.010～99999)，单击“6:”输入整个阵列相对 X 轴的旋转角度(取值范围－360°～360°)，图 6-44 为旋转角度为 0°和 30°时的对比。

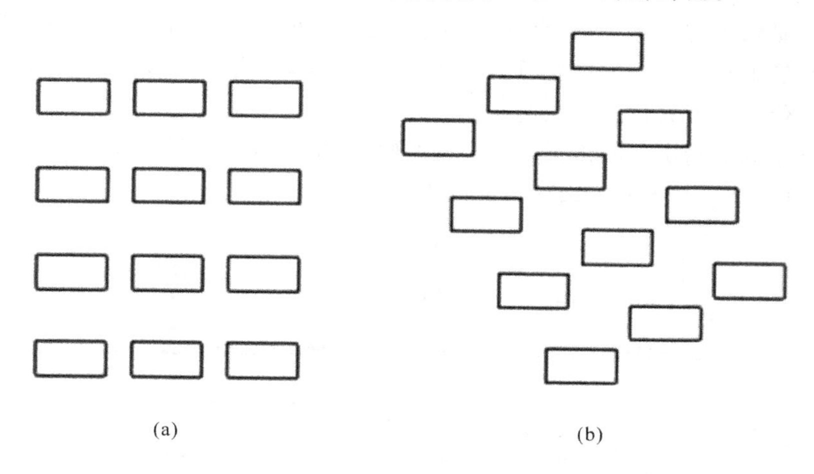

图 6-44　矩形阵列旋转角

6.4　CAXA 数控车程序编制

6.4.1　CAM 基础

1. 自动编程的主要内容

用 CAXA 数控车软件，实现自动编程的主要过程包括：

(1)根据零件图纸，进行几何建模，即用曲线表达工件；

(2)根据使用机床的数控系统，设置好机床参数，这是正确输出代码的关键；

(3)根据工件形状，选择加工方式，合理选择刀具及设置刀具参数，确定切削用量参数；

(4)生成刀位点轨迹并进行模拟检查，生成程序代码，经后置处理传送给数控机床。

2. 几个基本概念

(1)两轴加工：在 CAXA 数控车加工中，机床坐标系的 Z 轴即是绝对坐标系的 X 轴，平图形均指投影到绝对坐标系的 XOY 面的图形。

(2)轮廓：轮廓是一系列首尾相接曲线的集合。

在进行数控编程及交互指定待加工图形时，常常需要用户指定加工的轮廓，将该轮廓用来界定被加工的表面或被加工的毛坯本身。如果毛坯轮廓是用来界定被加工表面的，则要求指定的轮廓是闭合的，如加工的是毛坯轮廓本身，则毛坯轮廓也可以不闭合。

(3)毛坯轮廓：针对粗车，需要制定被加工体的毛坯。毛坯轮廓是一系列首尾相接曲线的集合。

在进行数控编程及交互指定待加工图形时，常常需要用户指定毛坯的轮廓，将该轮廓用来界定被加工的表面或被加工的毛坯本身。如果毛坯轮廓是用来界定被加工表面的，则要求指定的轮廓是闭合的，如加工的是毛坯轮廓本身，则毛坯轮廓也可以不闭合。

(4)机床参数：数控车床的一些速度参数，包括主轴转速、接近速度、进给速度和退刀速度，如图 6-45 所示。

主轴转速是切削时机床主轴转动的角速度，进给速度是正常切削时刀具行进的线速度，接近速度为从进刀点到切入工件前刀具行进的线速度，又称进刀速度，退刀速度为刀具离开工件回到退刀位置时刀具行进的线速度。

这些速度参数的给定一般依赖于用户的经验，原则上讲，它们与机床本身、工件的材料、刀具材料、工件的加工精度和表面光洁度要求等相关。

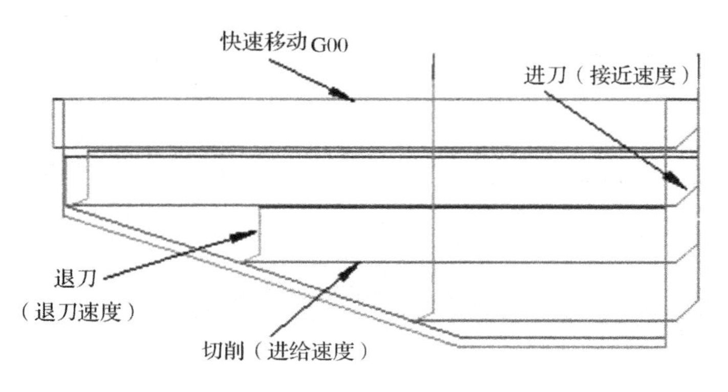

图 6-45　切削速度

(5)刀具轨迹和刀位点：刀具轨迹是系统按给定工艺要求生成的对给定加工图形进行切削时刀具行进的路线。系统以图形方式显示。刀具轨迹由一系列有序的刀位点和连接这些刀位点的直线(直线插补)或圆弧(圆弧插补)组成。

CAXA 数控车系统的刀具轨迹是按刀尖位置来显示的。

(6)加工余量：车加工是一个去余量的过程，即从毛坯开始逐步除去多余的材料，以得到需要的零件。这种过程往往由粗加工和精加工构成，必要时还需要进行半精加工，即需经过多道工序的加工。在前一道工序中，往往需给下一道工序留下一定的余量。实际的加工模型是指定的加工模型按给定的加工余量进行等距的结果。

(7)加工误差：刀具轨迹和实际加工模型的偏差即加工误差。用户可通过控制加工误差来控制加工的精度。

用户给出的加工误差是刀具轨迹同加工模型之间的最大允许偏差，系统保证刀具轨迹与实际加工模型之间的偏离不大于加工误差。

用户应根据实际工艺要求给定加工误差，如在进行粗加工时，加工误差可以较大，以利于提高效率；而进行精加工时，需根据表面要求等给定加工误差。

在两轴加工中，对于直线和圆弧的加工不存在加工误差，加工误差指对样条线进行加工时用线段进行逼近时的误差。

6.4.2 刀具设置

进行数控加工时，必须设定正确的刀具。在利用 CAXA 进行数控车加工程序的编制时，可以在刀具库中先定义好刀具，也可以在创建刀具轨迹时指定刀具参数生成刀具。CAXA 提供了 4 种车刀类型：轮廓车刀、切槽刀具、钻孔刀具和螺纹刀具。需要指出的是，刀具库中的各种刀具只是同一类刀具的抽象描述，并非符合国标或其他的标准。所以刀具库只列出了对轨迹生成有影响的部分参数，其他与具体加工工艺相关的刀具参数并未列出。例如，将各种外轮廓、内轮廓、端面粗/精车刀均归为轮廓车刀，对轨迹生成没有影响。其他补充信息可在“备注”栏中输入。

在主菜单中依次单击“应用”→“数控车”→“刀具管理”，系统将弹出刀具库管理对话框，如图 6-46 所示，用户可添加新的刀具，也可以对已有刀具进行参数的修改。

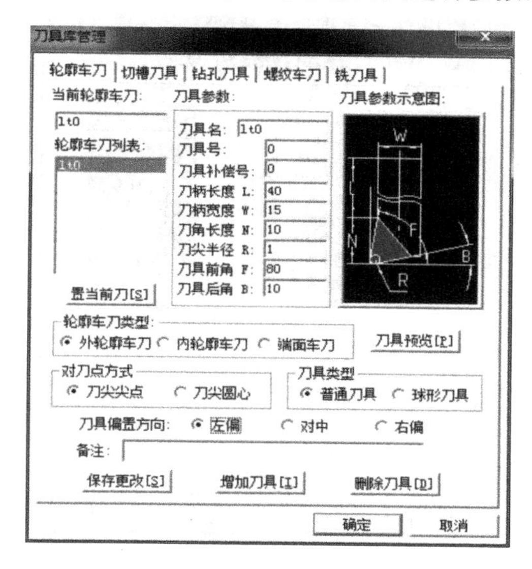

图 6-46　轮廓车刀参数

1. 共有参数

轮廓车刀、切槽刀具、钻孔刀具和螺纹车刀的参数，包括共有参数和自身(由自身几何形状定义的参数)参数两部分。首先介绍 4 种类型刀具的共有参数，然后分别介绍各种刀具的自身参数。4 种刀具共有的参数有：

(1)刀具名：刀具的名称，用于刀具标识和列表，刀具名是唯一的。

(2)刀具号：刀具的系列号，用于后置处理的自动换刀指令，刀具号是唯一的。

(3)刀具补偿号：刀具补偿值的序列号，其值对应于机床的刀具偏置表。

(4)刀柄长度：刀具可夹持段的长度(钻孔刀具无此项)。

(5)刀柄宽度：刀具可夹持段的宽度(钻孔刀具无此项)。

(6)当前轮廓(切槽、钻孔、螺纹)车刀：显示当前使用刀具的刀具名，即在加工中要使用的刀具。在加工轨迹生成时，要使用当前刀具的刀具参数。

(7)轮廓(切槽、钻孔、螺纹)车刀列表:显示刀具库中所有同类型刀具的名称,可通过鼠标或键盘的上、下键选择不同的刀具名。刀具参数表中将显示所选刀具的参数。双击所选的刀具可将其置为当前刀具。

2. 轮廓车刀几何参数

轮廓车刀的参数表如图 6-46 所示。

(1)刀角长度:刀具可切削段的长度。

(2)刀尖半径:刀尖部分用于切削的圆弧的半径。

(3)刀具前角:刀具前刃与工件旋转轴的夹角。

(4)轮廓车刀类型:可以指定刀具类型为外圆车刀、内孔车刀或者端面车刀。

(5)刀具偏置方向:有左偏和右偏可以选择。

3. 切槽刀具几何参数

切槽刀具的参数表如图 6-47 所示。

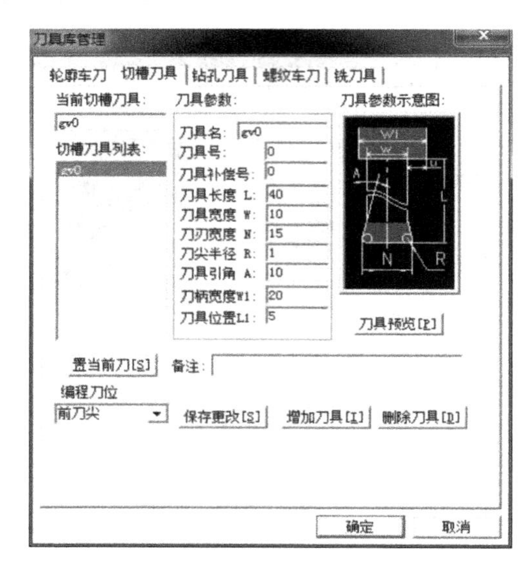

图 6-47　切槽刀具参数

(1)刀刃宽度:刀具切削刃的宽度。

(2)刀尖半径:刀具切削刃两端圆弧的半径。

(3)刀具引角:刀具切削段两侧边与垂直于切削方向的夹角。

4. 钻孔刀具几何参数

钻孔刀具的参数表如图 6-48 所示。

(1)刀尖角度:钻头前段尖部的角度。

(2)刀刃长度:刀具可用于切削部分的长度。

(3)刀杆长度:刀尖到刀柄之间的距离,刀杆长度应大于刀刃有效长度。

5. 螺纹车刀几何参数

螺纹车刀的参数表如图 6-49 所示。

(1)刀刃长度:刀具切削刃顶部的长度。

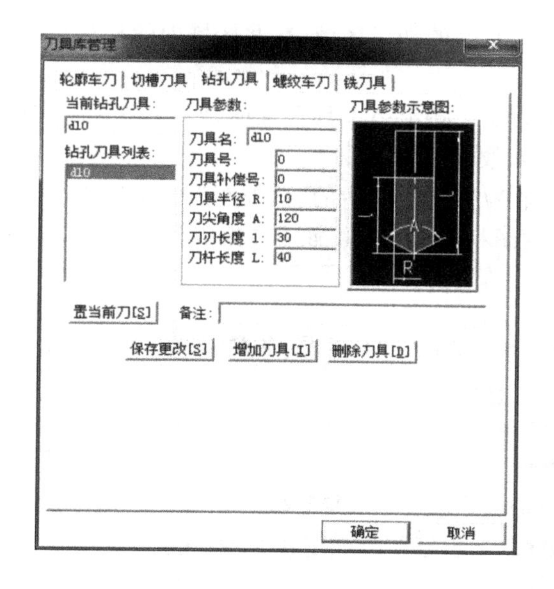

图 6-48　钻孔刀具参数

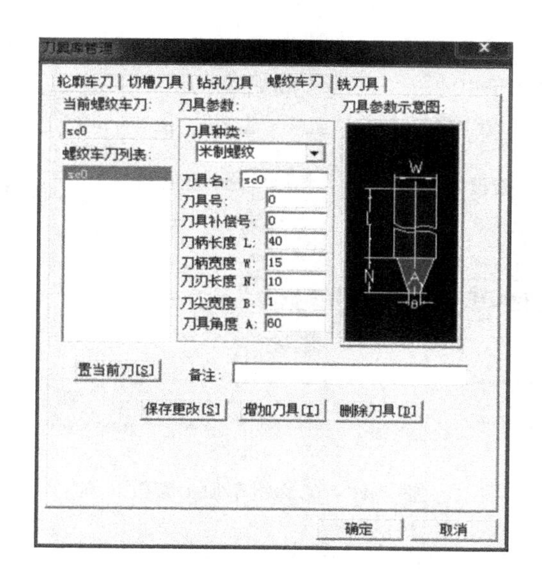

图 6-49　螺纹刀具参数

(2)刀具角度:刀具切削段两侧边与垂直于切削方向的夹角,该角度决定了车削出螺纹的螺纹角。

(3)刀尖宽度:螺纹齿底宽度,对于三角螺纹车刀,刀尖宽度等于 0。

6.4.3　轮廓粗车

轮廓粗车功能用于实现对工件外轮廓表面、内轮廓表面和端面的粗车加工,用来快速去除毛坯的多余部分。

1. 操作步骤

(1)几何造型。轮廓粗加工时,要确定被加工轮廓和毛坯轮廓。被加工轮廓和毛坯轮廓两端点相连，共同构成一个封闭的加工区域，在此区域内的材料将被加工去除。两轮廓不能单独闭合或自交。

(2)刀具选择与参数设定。按上节刀具管理的操作方法，根据被加工零件的工艺要求，选择刀具，确定刀具几何参数。

(3)加工参数设置。在“应用”菜单中的“数控车”子菜单中选择“轮廓粗车”菜单项或单击数控车功能工具条中的图标，系统弹出加工参数表，如图 6-50 所示。然后按加工要求确定其他各加工参数。

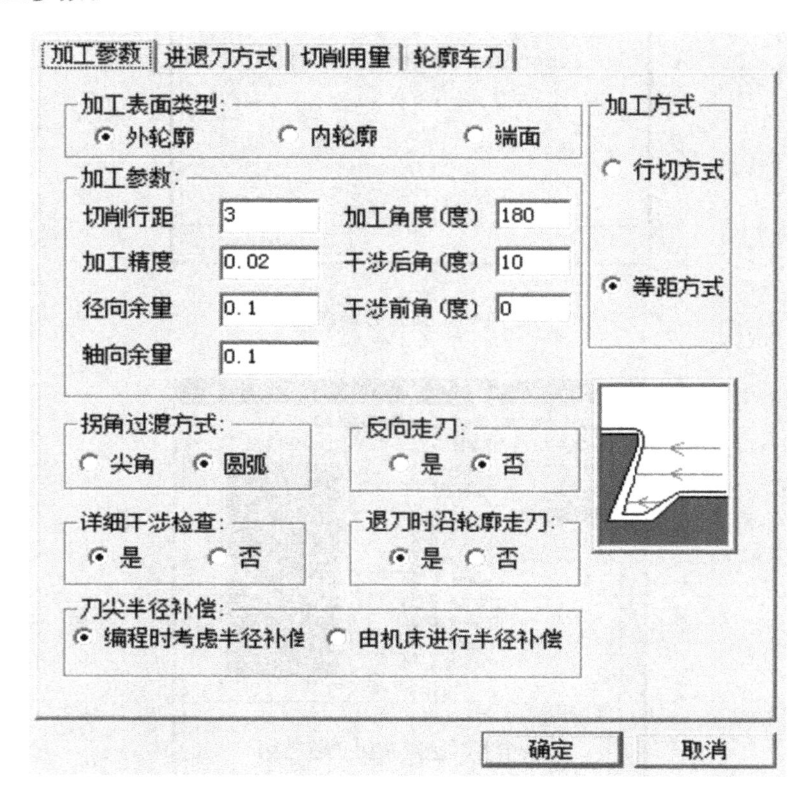

图 6-50　轮廓粗车加工参数

(4)确定参数后拾取被加工的轮廓和毛坯轮廓，此时可使用系统提供的轮廓拾取工具。采用“链拾取”和“限制链拾取”时的拾取箭头方向与实际的加工方向无关。

(5)确定进退刀点。指定一点为刀具加工前和加工后所在的位置。右击可忽略该点的输入。

(6)完成上述步骤后，系统即生成刀具轨迹。

(7)在“数控车”菜单中选择“生成代码”菜单项，拾取刚生成的刀具轨迹，即可生成加工指令。

2. 参数的内容及说明

轮廓粗车参数包括加工参数和进退刀方式。

(1)加工参数

轮廓粗车的加工参数，主要用于对粗车加工中的各种工艺条件和加工方式进行限定，其中包括以下内容：

①“加工表面类型”包括外轮廓、内轮廓和端面 3 种，应根据加工内容进行选择。

②“加工参数”的设置有以下五个部分：

干涉后角：做底切干涉检查时，确定干涉检查的角度，如图 6-51 所示，其中图 6-51(a)为设定干涉后角为 10°，而图 6-51(b)为设定干涉后角为 45°。

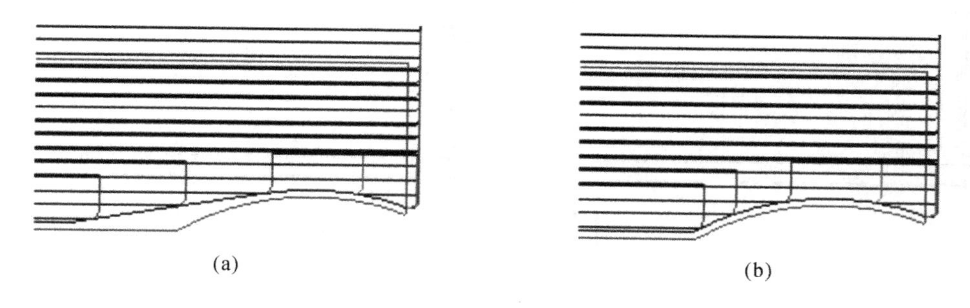

(a) (b)

图 6-51 干涉后角

干涉前角：做前角干涉检查时，确定干涉检查的角度。

加工角度：刀具切削方向与机床 Z 轴（软件系统 X）正方向的夹角，如图 6-52(a)所示为加工角度＝30°，而图 6-52(b)为加工角度＝0°。

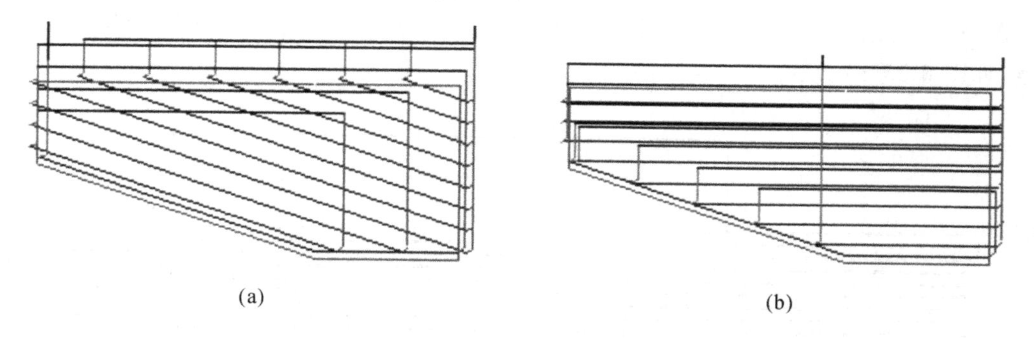

(a) (b)

图 6-52 加工角度

切削行距：两相邻切削行之间的距离，设置车削加工时的背吃刀量。如图 6-53(a)所示为切削行距＝3，而图 6-53(b)所示为切削行距＝6。

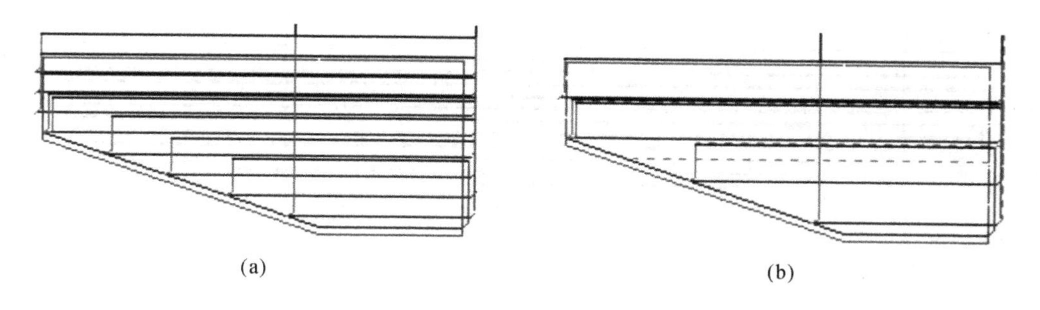

(a) (b)

图 6-53 切削行距

加工余量：加工结束后，被加工表面没有加工的部分的剩余量（与最终加工结果比较）。

加工精度:用户可按需要控制加工的精度。对轮廓中的直线和圆弧,机床可以精确地加工;对由样条曲线组成的轮廓,系统将按给定的精度把样条转化成直线段来满足用户所需的加工精度。

③“拐角过渡方式”有以下两种形式。

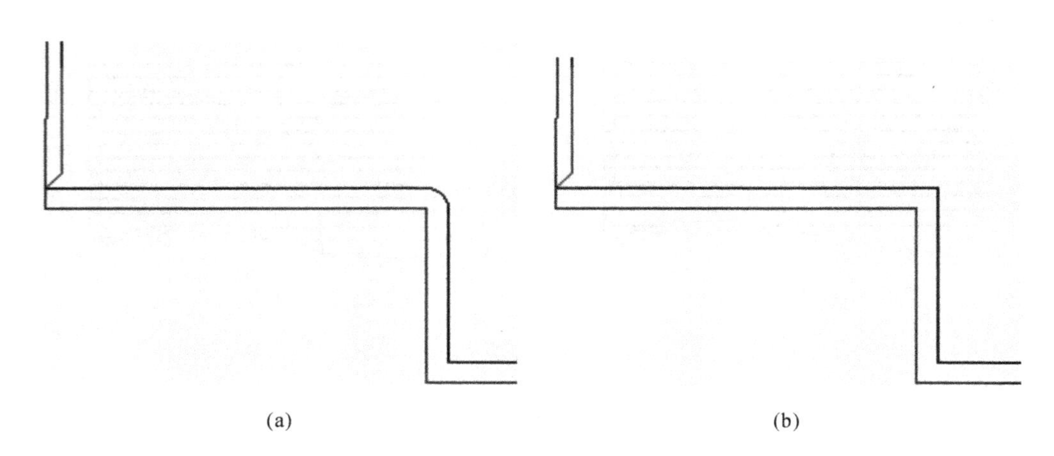

图 6-54　拐角过渡方式

圆弧:在切削过程中遇到拐角时,刀具从轮廓的一边到另一边的过程中,以圆弧的方式过渡,如图 6-55(a)所示。

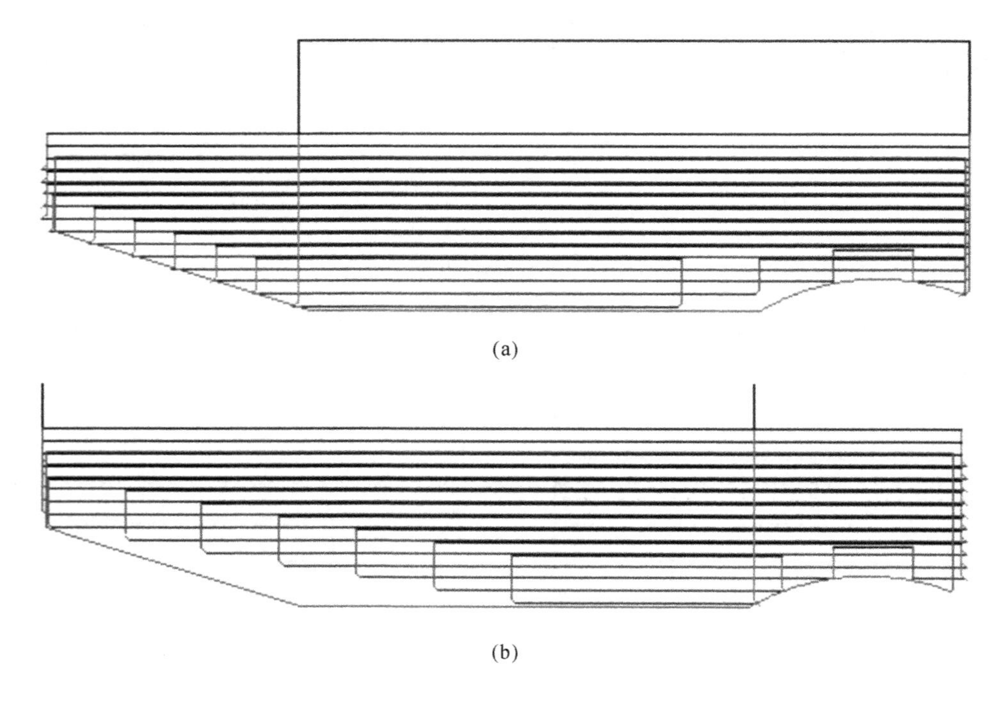

图 6-55　正向/反向走刀

尖角:在切削过程中遇到拐角时,刀具从轮廓的一边到另一边的过程中,以尖角的方式

过渡，如图6-55(b)所示。

④"反向走刀"：选择"否"，刀具按缺省方式走刀，即刀具从机床Z轴正向，向Z轴负向移动；选择"是"，刀具按与缺省方式相反的方向走刀。

⑤"详细干涉检查"：选择"否"，则假定刀具前后干涉角均为0°，对凹槽部分不做加工，以保证切削轨迹无前角及底切干涉，如图6-56(a)所示；选择"是"，加工凹槽时，用定义的干涉角度检查加工中是否有刀具前角及底切干涉，并按定义的干涉角度生成无干涉的切削轨迹，如图6-56(b)所示。

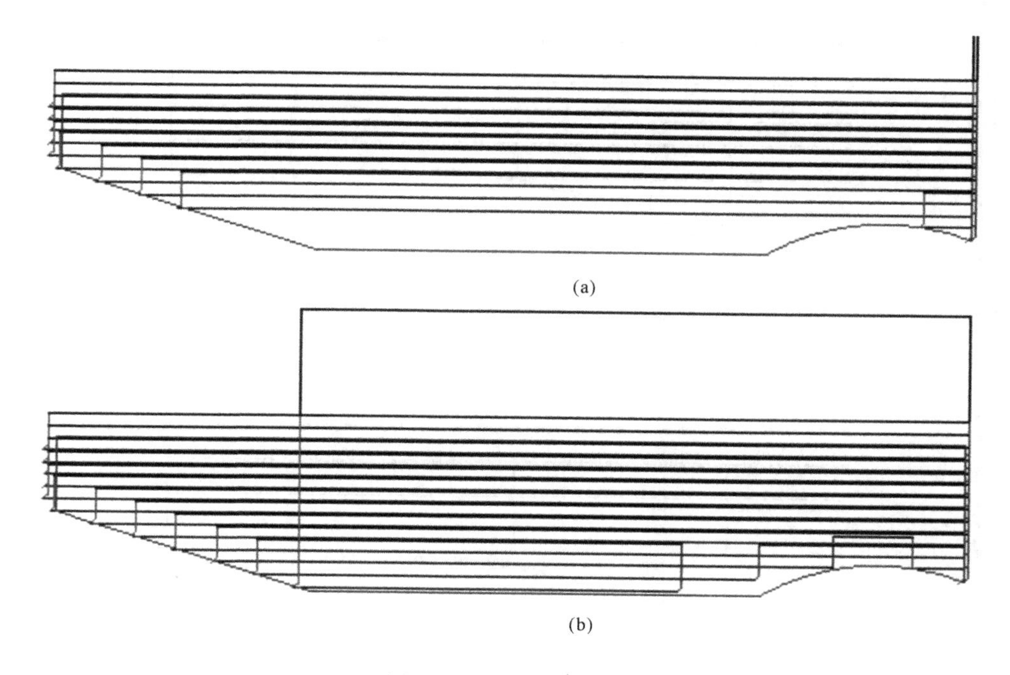

(a)

(b)

图6-56 详细干涉检查

⑥"退刀时沿轮廓走刀"：选择"否"，刀具在首行、末行直接进退刀，对行与行之间的轮廓不加工，如图6-57(a)所示；选择"是"，两刀位行之间如果有一段轮廓，在后一刀位行之前、之后增加对行间轮廓的加工，如图6-57(b)所示。

⑦"刀尖半径补偿"分两种情况。

编程时考虑半径补偿：在生成加工轨迹时，系统根据当前所用刀具的刀尖半径进行补偿计算(按假想刀尖点编程)，生成已考虑半径补偿的代码，无须机床再进行刀尖半径补偿，如图6-58(a)所示。

由机床进行半径补偿：在生成加工轨迹时，假设刀尖半径为0，按轮廓编程，不进行刀尖半径补偿计算。所生成代码用于实际加工时，应根据实际刀尖半径由机床指定补偿值，如图6-58(b)所示。

(2)进退刀方式

轮廓粗车的"进退刀方式"的设置界面如图6-59所示。

①"进刀方式"主要包括以下几种形式。

每行相对毛坯进刀方式：用于对毛坯部分进行切削时的进刀方式。

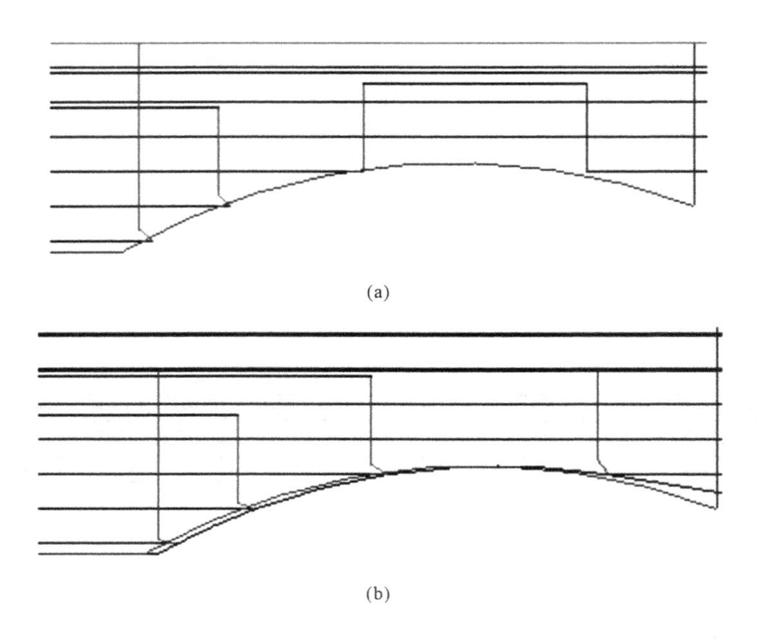

(a)

(b)

图 6-57　退刀时沿轮廓走刀

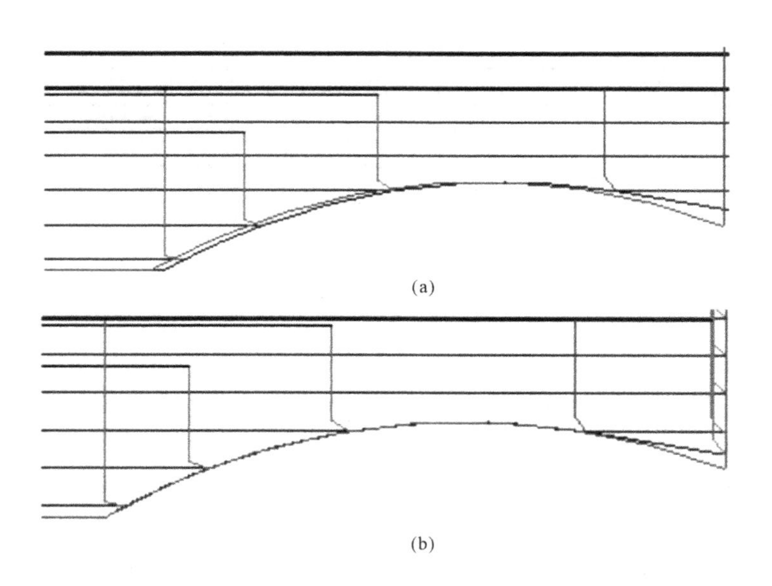

(a)

(b)

图 6-58　刀尖半径补偿

每行相对加工表面进刀方式:用于对加工表面部分进行切削时的进刀方式。

其中:与加工表面成定角。指在每一切削行前加入一段与轨迹切削方向夹角成一定角度的进刀段,刀具垂直进刀到该进刀段的起点,再沿该进刀段进刀至切削行。"角度"定义该进刀段与轨迹切削方向的夹角,"长度"定义该进刀段的长度。

垂直:指刀具直接退刀到每一切削行的起始点。

矢量:指在每一切削行前加入一段与系统 X 轴(机床 Z 轴)正方向成一定夹角的进刀

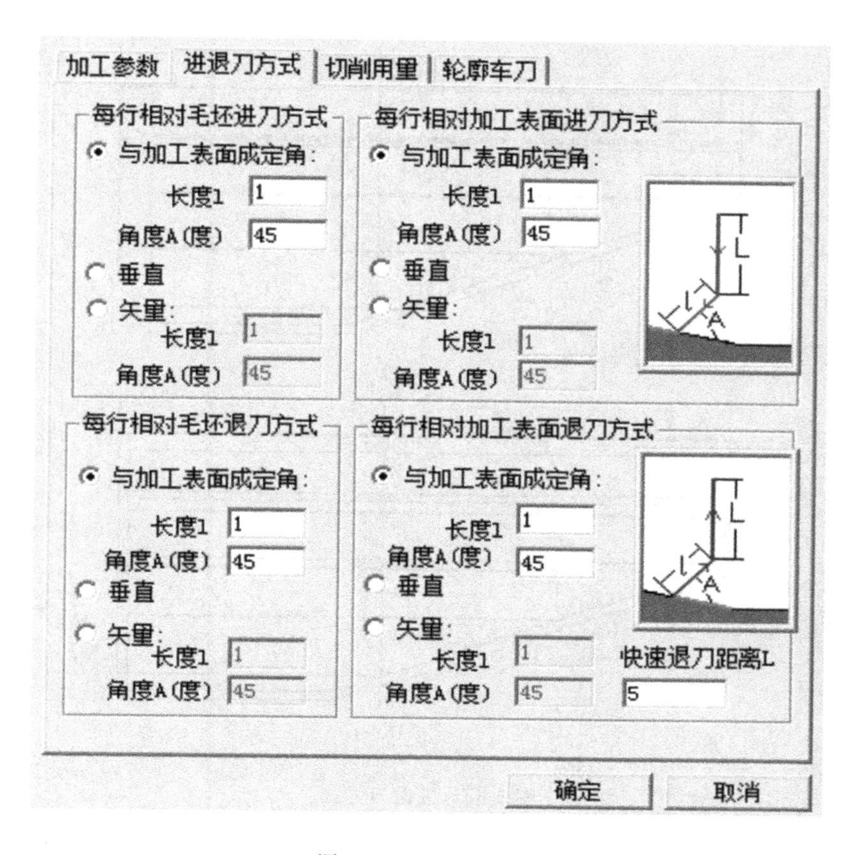

图 6-59　进退刀方式

段。刀具进刀到该进刀段的起点,再沿该进刀段进刀至切削行。“角度”定义矢量(进刀段)与系统 X 轴正方向的夹角;“长度”定义矢量(进刀段)的长度。

②“退刀方式”主要有以下几种形式。

每行相对毛坯退刀方式:用于对毛坯部分进行切削时的退刀方式。

每行相对加工表面退刀方式:用于对加工表面部分进行切削时的退刀方式。

其中:与加工表面成定角。指在每一切削行后加入一段与轨迹切削方向夹角成一定角度的退刀段,刀具先沿该退刀段退刀,再从该退刀段的末点开始垂直退刀。“角度”定义该退刀段与轨迹切削方向的夹角;“长度”定义该退刀段的长度。

垂直:指刀具直接退刀到每一切削行的起始点。

矢量:指在每一切削行后加入一段与系统 X 轴(机床 Z 轴)正方向成一定夹角的退刀段。刀具先沿该退刀段退刀,再从该退刀段的末点开始垂直退刀。“角度”定义矢量(退刀段)与系统 X 轴正方向的夹角;“长度”定义矢量(退刀段)的快速退刀距离,即以给定的退刀速度回退的距离(相对值),在此距离上以机床允许的最大进给速度退刀。

如图 6-60 所示为进退刀方式的示例。

(3)切削用量

在每种刀具生成轨迹时,都要设置一些与切削用量及机床加工相关的参数。单击“切削

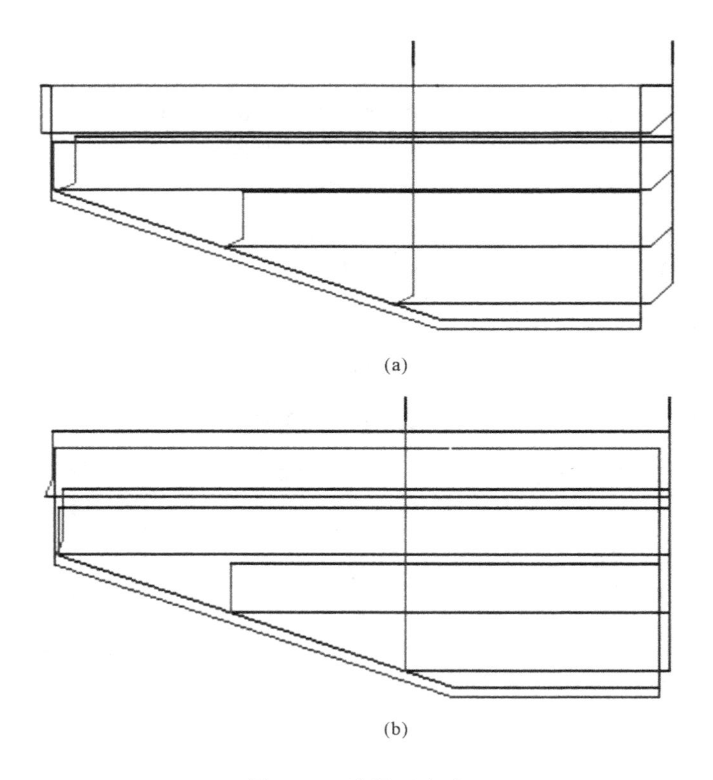

(a)

(b)

图 6-60　进退刀方式

用量”选项卡可进入切削用量参数设置界面，如图 6-61 所示，各选项具体含义如下。

①“速度设定”包括以下内容：

接近速度：刀具接近工件时的进给速度。

退刀速度：刀具离开工件的速度。

进刀量：刀具切削工件时的进给速度，单位为 mm/min 或 mm/r。

②主轴转速选项分恒转速和恒线速度两种。

主轴转速：机床主轴旋转的速度，单位为 r/min。

恒转速：切削过程中按指定的主轴转速保持主轴转速恒定，直到下一指令改变该转速。

恒线速度：切削过程中按指定的线速度值保持线速度恒定。

③“样条拟合方式”分直线和圆弧两种。“直线拟合”指对加工轮廓中的样条曲线根据给定的加工精度用直线段进行拟合；“圆弧拟合”指对加工轮廓中的样条曲线根据给定的加工精度用圆弧段进行拟合。

3. 轮廓粗车注意事项

(1)加工轮廓与毛坯轮廓必须构成一个封闭区域，被加工轮廓和毛坯轮廓不能单独闭合或自交。

(2)为便于采用链拾取方式，可以将加工轮廓与毛坯轮廓绘成相交，系统能自动求出其封闭区域。

(3)软件绘图坐标系与机床坐标系的关系。在软件坐标系中 X 轴正方向代表机床 Z 轴

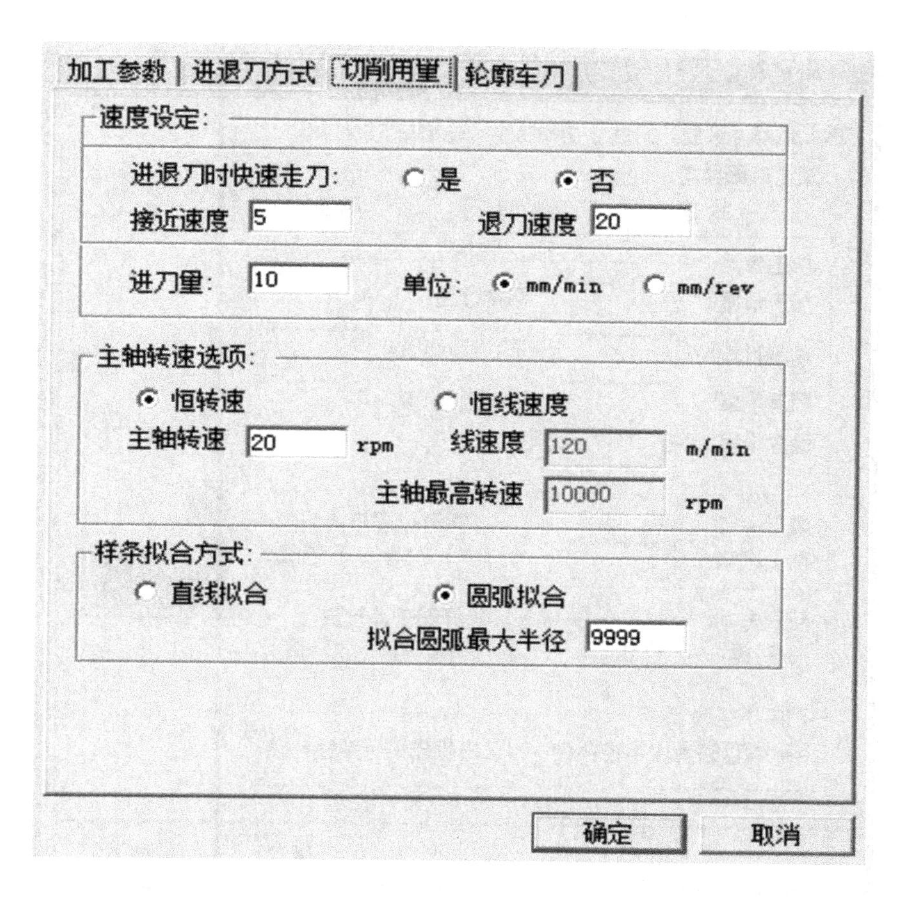

图 6-61　切削用量参数

正方向，Y 轴正方向代表机床 X 轴正方向。数控车 2013 软件从加工角度将软件的 XY 向转换成机床的 ZX 轴向。如切外轮廓的，刀具由右向左运动，与机床的 Z 轴反向，加工角度取 180°或时如切端面，刀具从上到下运动，与机床的 Z 轴正向成－90°或 270°，加工角度取－90°或 270°。

6.4.4　轮廓精车功能

轮廓精车实现对工件外轮廓表面、内轮廓表面和端面的精车加工。进行轮廓精车时要确定被加工轮廓。被加工轮廓就是加工结束后工件表面轮廓。

轮廓精车操作步骤与轮廓粗车的操作相同，设置轮廓精车的对话框如图 6-62 所示。轮廓精车中的大部分参数与轮廓粗的参数是相同的。有关的参数说明参见轮廓粗车。在轮廓精车中：切削行数表示精车时可以进行多刀车削，按一定间距生成多道的切削轨迹，如图 6-63 所示。

最后一行的加工次数为精车量，为提高加工的表面质量，最后一行常常在相同进给量的情况下进行多次车削，该处定义多次切削的次数。

图 6-62　轮廓精车加工参数表

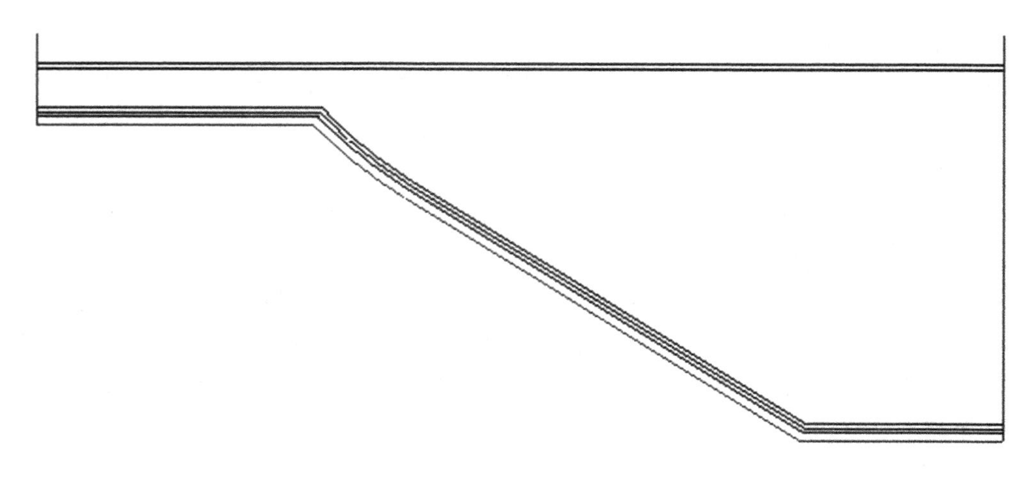

图 6-63　轮廓精车

注意:轮廓精车中被加工轮廓不能闭合或自相交。

6.4.5 切槽功能

切槽功能用于在工件外轮廓表面、内轮廓表面和端面切槽。切槽加工的操作与轮廓粗车的操作步骤相似，在选择“切槽”菜单项后，将出现如图 6-64 所示加工参数对话框。在切槽加工中，没有进退刀方式的选项卡。

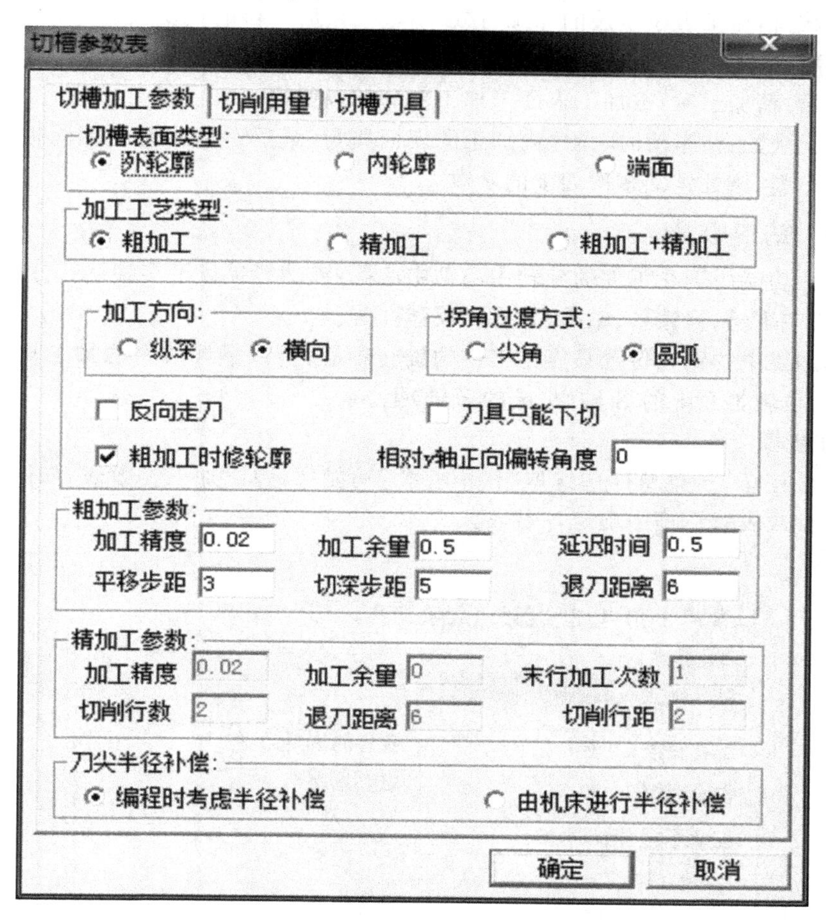

图 6-64 切槽加工参数

切槽独有的加工参数说明如下：

1. 加工工艺类型

粗加工：对槽只进行粗加工。

精加工：对槽只进行精加工。

粗加工＋精加工：对槽进行粗加工之后接着做精加工。

2. 粗加工参数

延迟时间：指粗车槽时，刀具在槽的底部停留的时间。

切深平移量：指粗车槽时，刀具每一次纵向切槽的切入量(机床 X 轴向)。

水平平移量：指粗车槽时，刀具切到指定的切深平移量后进行下一次切削前的水平平移量(机床 Z 轴向)。

退刀距离:粗车槽中进行下一行切削前退刀到槽外的距离。

加工留量:粗加工时,被加工表面未加工部分的预留量。

3. 精加工参数

切削行距:精加工行与行之间的距离。

切削行数:精加工刀位轨迹的加工行数,不包括最后一行的重复次数。

退刀距离:精加工中切削完一行之后,进行下一行切削前退刀的距离。

加工余量:精加工时,被加工表面未加工部分的预留量。

末行加工次数:精车槽时,为提高加工的表面质量,最后一行常常在相同进给量的情况下进行多次车削,该处定义多次切削的次数。

6.4.6 钻中心孔

钻中心孔功能用于在工件的旋转中心钻中心孔,该功能提供了多种钻孔方式,包括高速啄式深孔钻、左攻丝、精镗孔、钻孔、镗孔和反镗孔等。

因为车加工中的钻孔位置只能是工件的旋转中心,所以最终所有的加工轨迹都在工件的旋转轴上,也就是系统的 X 轴(机床的 Z 轴)上。

1. 操作步骤

(1)在“数控车”子菜单区中选取“钻中心孔”功能项,弹出加工参数表,如图 6-65 所示。用户可在该参数表对话框中确定各参数。

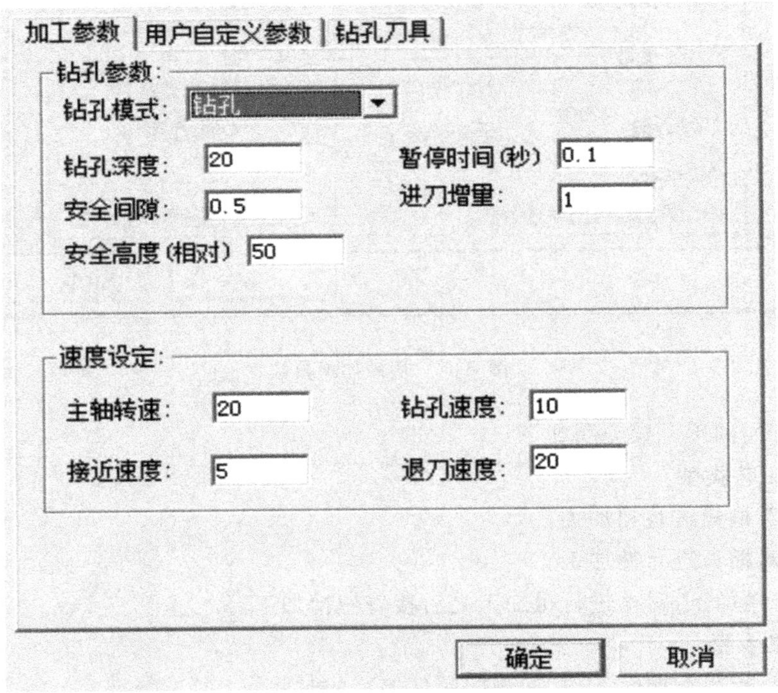

加工参数 | 用户自定义参数 | 钻孔刀具
钻孔参数:
钻孔模式: 钻孔
钻孔深度: 20
暂停时间(秒) 0.1
安全间隙: 0.5
进刀增量: 1
安全高度(相对) 50
速度设定:
主轴转速: 20
钻孔速度: 10
接近速度: 5
退刀速度: 20
确定 取消

图 6-65 钻孔加工参数

(2)确定各加工参数后,拾取钻孔的起始点,因为轨迹只能在系统的 X 轴上(机床的 Z

轴)，所以把输入的点向系统的 X 轴投影，得到的投影点作为钻孔的起始点，然后生成钻孔加工轨迹。

(3)拾取完钻孔点之后即生成加工轨迹。

2. 参数说明

钻中心孔参数包括加工参数和钻孔车刀两类，没有进退刀方式及切削用量选项卡。加工参数主要对加工中的各种工艺条件和加工方式进行限定。各加工参数含义说明如下：

(1)钻孔深度：指要钻孔的深度。

(2)暂停时间：指攻丝时刀在工件底部的停留时间。

(3)钻孔模式：指钻孔的方式，钻孔模式不同，后置处理中用到机床的固定循环指令不同。

(4)进刀增量：指深孔钻时每次进刀量或镗孔时每次侧进量。

(5)下刀余量：指当钻下一个孔时，刀具从前一个孔顶端的抬起量。

(6)接近速度：指刀具接近工件时的进给速度。

(7)钻孔速度：指钻孔时的进给速度。

(8)主轴转速：指机床主轴旋转的速度。计量单位是机床缺省的单位。

(9)退刀速度：指刀具离开工件的速度。

6.4.7 螺纹固定循环

该功能采用固定循环方式加工螺纹，输出的代码适用于西门子 840C/840 控制器。

1. 操作步骤

螺纹加工操作步骤如下：

(1)在“数控车”子菜单区中选取“螺纹固定循环”功能项。依次拾取螺纹起点、终点、第一个中间点和第二个中间点。该固定循环功能可以进行两段或三段螺纹连接加工。若只有一段螺纹，则在拾取完终点后按回车键。若只有两段螺纹，则在拾取完第一个中间点后按回车键。

(2)拾取完毕，弹出加工参数表，如图 6-66 所示。前面拾取的点的坐标也将显示在参数表中。用户可在该参数表对话框中确定各加工参数。

(3)参数填写完毕，选择确认按钮，生成刀具轨迹。该刀具轨迹仅为一个示意性的轨迹，可用于输出固定循环指令。

(4)在“数控车”菜单区中选取“生成代码”功能项，拾取刚生成的刀具轨迹，即可生成螺纹加工固定循环指令。

2. 参数说明

该螺纹切削固定循环功能仅针对西门子 840C/840 控制器。详细的参数说明和代码格式说明请参考西门子 840C/840 控制器的固定循环编程说明书。

螺纹参数表中的螺纹起点、终点、第一中间点、第二中间点坐标及螺纹长度来自于前面的拾取结果，用户可以进一步修改。

粗切次数，螺纹粗切的次数。控制系统自动计算保持固定的切削截面时各次进刀的深度。

进刀角度：刀具可以垂直于切削的方向进刀也可以沿着侧面进刀。角度无符号输入并且不能超过螺纹角的一半。

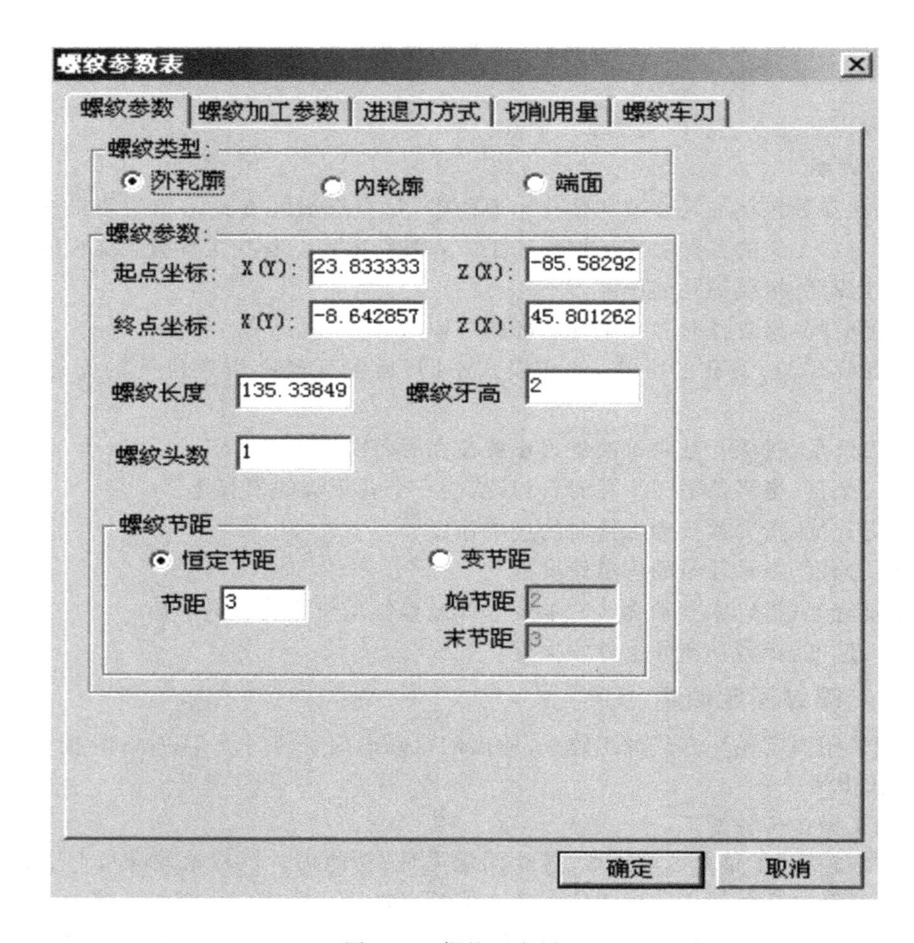

图 6-66　螺纹固定循环

空转数:指末行走刀次数,为提高加工质量,最后一个切削行有时需要重复走刀多次,此时需要指定重复走刀次数。

精切余量:螺纹深度减去精切余量为粗切深度。粗切完成后进行一次精切后运行指定的空转数。

始端延伸距离:刀具切入点与螺纹始端的距离。

末端延伸距离:刀具退刀点与螺纹末端的距离。

6.4.8　车螺纹

车螺纹为非固定循环方式加工螺纹,可对螺纹加工中的各种工艺条件,加工方式进行更为灵活的控制。

1. 操作步骤

车螺纹加工过程如下:

(1)在“数控车”子菜单区中选取“车螺纹”功能项。依次拾取螺纹起点和终点。

(2)拾取完毕,弹出加工参数表。前面拾取的点的坐标也将显示在参数表中。用户可在该参数表对话框中确定各加工参数。

(3)参数填写完毕,选择确认按钮,即生成螺纹车削刀具轨迹。

(4)在“数控车”菜单区中选取“生成代码”功能项，拾取刚生成的刀具轨迹，即可生成螺纹加工指令。

2. 参数说明

“螺纹参数”参数表如图6-67所示，它主要包含了与螺纹性质相关的参数，如螺纹深度节距、头数等。螺纹起点和终点坐标来自前一步的拾取结果，用户可以进行修改。

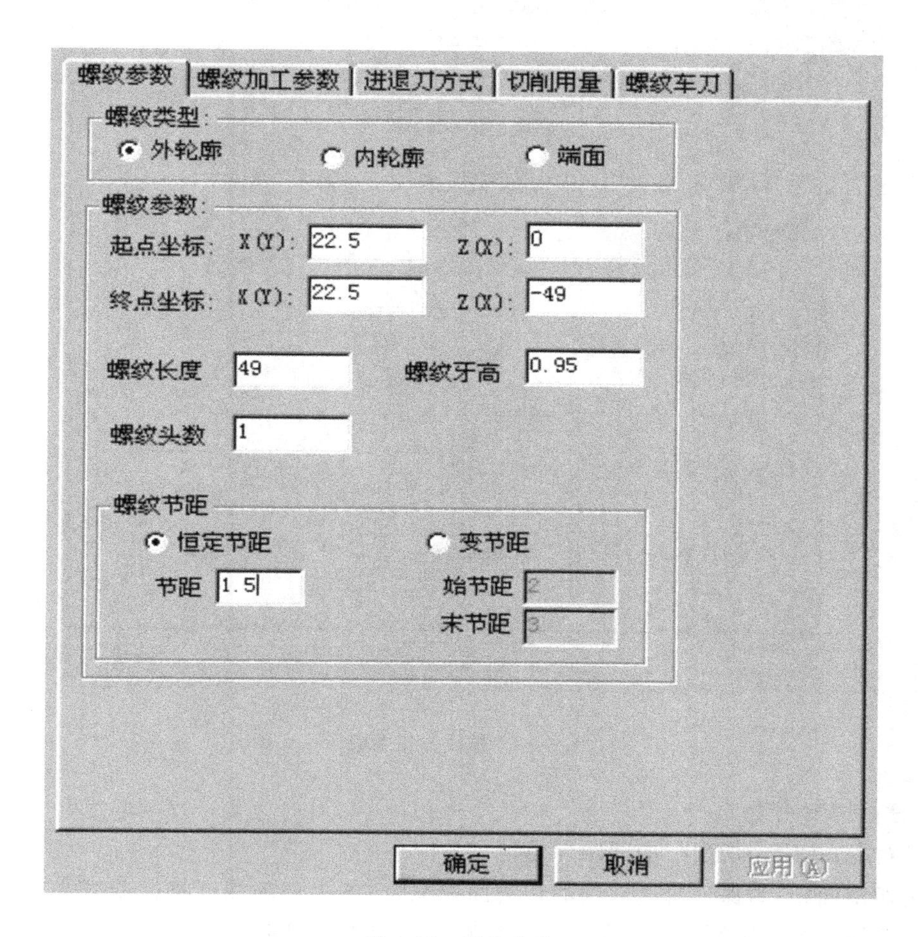

图6-67　螺纹参数

“螺纹加工参数”参数表则用于对螺纹加工中的工艺条件和加工方式进行设置，如图6-68所示。

(1)加工工艺

粗加工：指直接采用粗切方式加工螺纹。

粗加工＋精加工方式：指根据指定的粗加工深度进行粗切后，再采用精切方式(如采用更小的行距)切除剩余余量(精加工深度)。

精加工深度：指螺纹精加工的切深量。

粗加工深度：指螺纹粗加工的切深量。

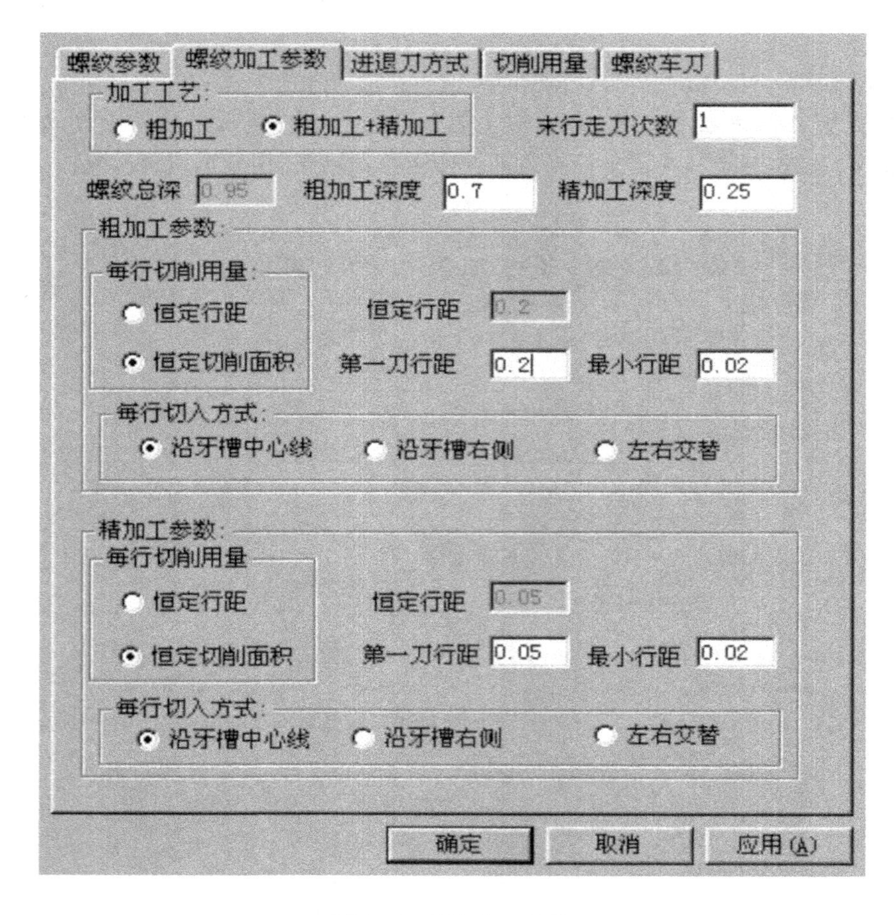

图 6-68　螺纹加工参数

(2)每行切削用量

恒定行距:指每一切削行的间距保持恒定。

恒定切削面积:为保证每次切削的切削面积恒定,各次切削深度将逐步减小,直至等于最小行距。用户需指定第一刀行距及最小行距。吃刀深度规定如下:

第 n 刀的吃刀深度为第一刀的吃刀深度的$\sqrt{n}$倍。

末行走刀次数:为提高加工质量,最后一个切削行有时需要重复走刀多次,此时需要指定重复走刀次数。

每行切入方式:指刀具在螺纹始端切入时的切入方式。刀具在螺纹末端的退出方式与切入方式相同。

6.4.9　参数修改

对于已经生成的轨迹可以用参数修改功能对轨迹的各种参数进行修改,以生成新的加工轨迹。参数修改的操作步骤为:在“数控车”子菜单区中选取“参数修改”菜单项,系统提示用户拾取要进行参数修改的加工轨迹;拾取轨迹后将弹出该轨迹的参数表供用户修改;参数修改完毕选取“确定”按钮,即依据新的参数重新生成该轨迹。

更改参数时只能更改各种加工参数，无法变更其加工类型。对于错误的轨迹，可以使用删除命令，将生成的轨迹与图素一样进行点击选择进行删除操作。

6.4.10 生成代码

生成代码就是按照当前机床类型的配置要求，把已经生成的加工轨迹转化生成G代码数据文件，即CNC数控程序，有了数控程序就可以直接输入机床进行数控加工。生成代码的操作步骤：

(1)在“数控车”子菜单区中选取“生成代码”功能项，则弹出一个需要用户输入文件名的对话框，要求用户填写后置程序文件名，如图6-69所示。此外系统还在信息提示区给出当前生成的数控程序所适用的数控系统和机床系统信息，它表明目前所调用的机床配置和后置设置情况。

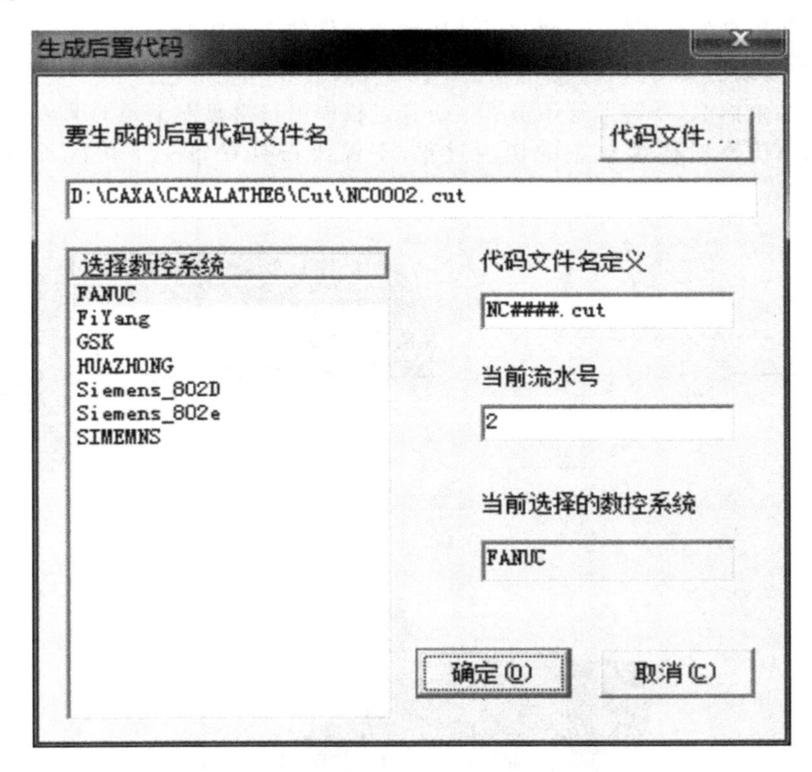

图6-69 选择后置文件名对话框

(2)输入文件名后选择保存按钮，系统提示拾取加工轨迹。当拾取到加工轨迹后，该加工轨迹变为被拾取颜色。右击结束拾取，系统即生成数控程序。拾取时可使用系统提供的拾取工具，可以同时拾取多个加工轨迹，被拾取轨迹的代码将生成在一个文件当中，生成的先后顺序与拾取的先后顺序有关。

6.4.11 查看代码

查看代码功能是查看、编辑生成代码的内容，其方法如下：

在“数控车”子菜单区中选取“查看代码”菜单项，则弹出一个需要用户选取数控程序的对话框。选择一个程序后，系统即用Windows提供的“记事本”显示代码的内容，当代码文件较大时，则要用“写字板”打开，用户可在其中对代码进行修改。

6.4.12 轨迹仿真

对已有的加工轨迹进行加工过程模拟，以检查加工轨迹的正确性。对系统生成的加工轨迹，仿真时用生成轨迹时的加工参数，即轨迹中记录的参数；对从外部反读进来的刀位轨迹，仿真时用系统当前的加工参数。

轨迹仿真分为动态仿真和静态仿真，仿真时可指定仿真的步长，用来控制仿真的速度。当步长设为0时，步长值在仿真中无效；当步长大于0时，仿真中每一个切削位置之间的间隔距离即为所设的步长。

轨迹仿真操作步骤如下：

(1)在“数控车”子菜单区中选取“轨迹仿真”功能项，同时可指定仿真的步长。

(2)拾取要仿真的加工轨迹，此时可使用系统提供的选择拾取工具。在结束拾取前仍可修改仿真的类型或仿真的步长。

(3)右击结束拾取，系统即开始仿真。仿真过程中可按键盘左上角的ESC键终止仿真。

动态仿真：仿真时模拟动态的切削过程，不保留刀具在每一个切削位置的图像，如图6-70(a)所示。

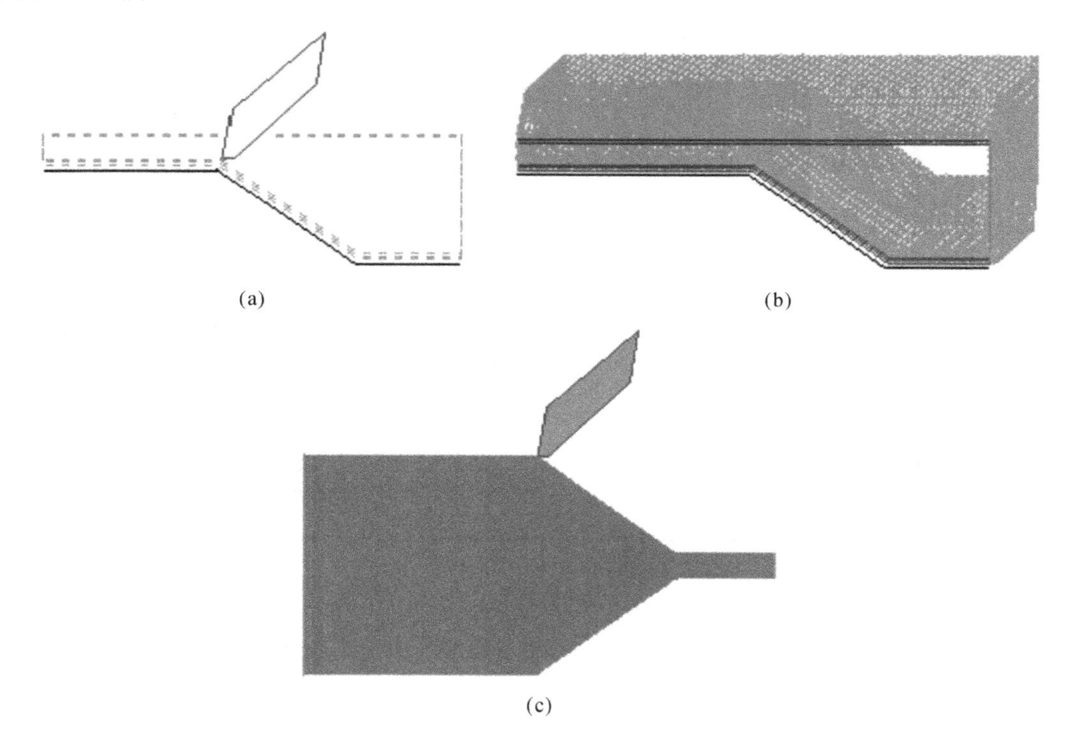

图6-70 轨迹仿真

静态仿真：仿真过程中保留刀具在每一个切削位置的图像，直至仿真结束，如图6-70(b)所示。

实体模拟：仿真过程全用实体显示的方法，更加直观地显示毛坯材料被切除的实际过程，如图6-70(c)所示。

6.4.13 代码反读(校核 G 代码)

代码反读就是把生成的 G 代码文件反读进来,生成刀具轨迹,以检查生成的 G 代码的正确性。如果反读的刀位文件中包含圆弧插补,需用户指定相应的圆弧插补格式,否则可能得到错误的结果。若后置文件中的坐标输出格式为整数,且机床分辨率不为 1 时,反读的结果是不对的,亦即系统不能读取坐标格式为整数且分辨率为非 1 的情况。

在"数控车"子菜单区中选取"代码反读"功能项,则弹出一个需要用户选取数控程序的对话框。系统要求用户选取需要校对的 G 代码程序。拾取到要校对的数控程序后,系统根据程序 G 代码立即生成刀具轨迹。

注意:

刀位校核只用来进行对 G 代码的正确性进行检验,由于精度等方面的原因,用户应避免将反读出的刀位重新输出,因为系统无法保证其精度。

校对刀具轨迹时,如果存在圆弧插补,则系统要求选择圆心的坐标编程方式,如图 6-38 所示,其含义可参考后置设置中的说明。用户应正确选择对应的形式,否则会导致错误。

6.4.14 机床设置

机床设置就是针对不同的机床,不同的数控系统,设置特定的数控代码、数控程序格式及参数,并生成配置文件。生成数控程序时,系统根据该配置文件的定义生成用户所需要的特定代码格式的加工指令。

机床配置给用户提供了一种灵活方便的设置系统配置的方法。对不同的机床进行适当的配置,具有重要的实际意义。通过设置系统配置参数,后置处理所生成的数控程序可以直接输入数控机床或加工中心进行加工,而无需进行修改。如果已有的机床类型中没有所需的机床,可增加新的机床类型以满足使用需求,并可对新增的机床进行设置。机床配置的各参数如图 6-71 所示。

机床参数配置包括主轴控制、数值插补方法、补偿方式、冷却控制、程序启停以及程序首尾控制符等。现以某系统参数配置为例,具体配置方法如下:

(1)在"机床名"一栏内用鼠标点取,可选择一个已存在的机床并进行修改。按"增加机床"按钮可增加系统没有的机床,按"删除机床"按钮可删除当前的机床。可对机床的各种指令地址进行设置。可以对以下选项进行配置:

(2)行号地址(Nxxxx):一个完整的数控程序由许多的程序段组成,每一个程序段前有一个程序段号,即行号地址。系统可以根据行号识别程序段。如果程序过长,还可以利用调用行号很方便地把光标移到所需的程序段。行号可以从 1 开始,连续递增,如 N0001,N0002,N0003 等,也可以间隔递增,如 N0001,N0005,N0010 等。建议用户采用后一种方式。因为间隔行号比较灵活方便,可以随时插入程序段,对原程序进行修改,而无需改变后续行号。如果采用前一种连续递增的方式,每修改一次程序,插入一个程序段,都必须对后续的所有程序段的行号进行修改,很不方便。

(3)行结束符(;):在数控程序中,一行数控代码就是一个程序段。数控程序一般以特定的符号,而不是以回车键作为程序段结束标志,它是一段程序段不可缺少的组成部分。有些系统以分号符";"作为程序段结束符。系统不同,程序段结束符一般不同,如有的系统结束符是"x",有的是"#"等不尽相同。一个完整的程序段应包括行号、数控代码和程序段结

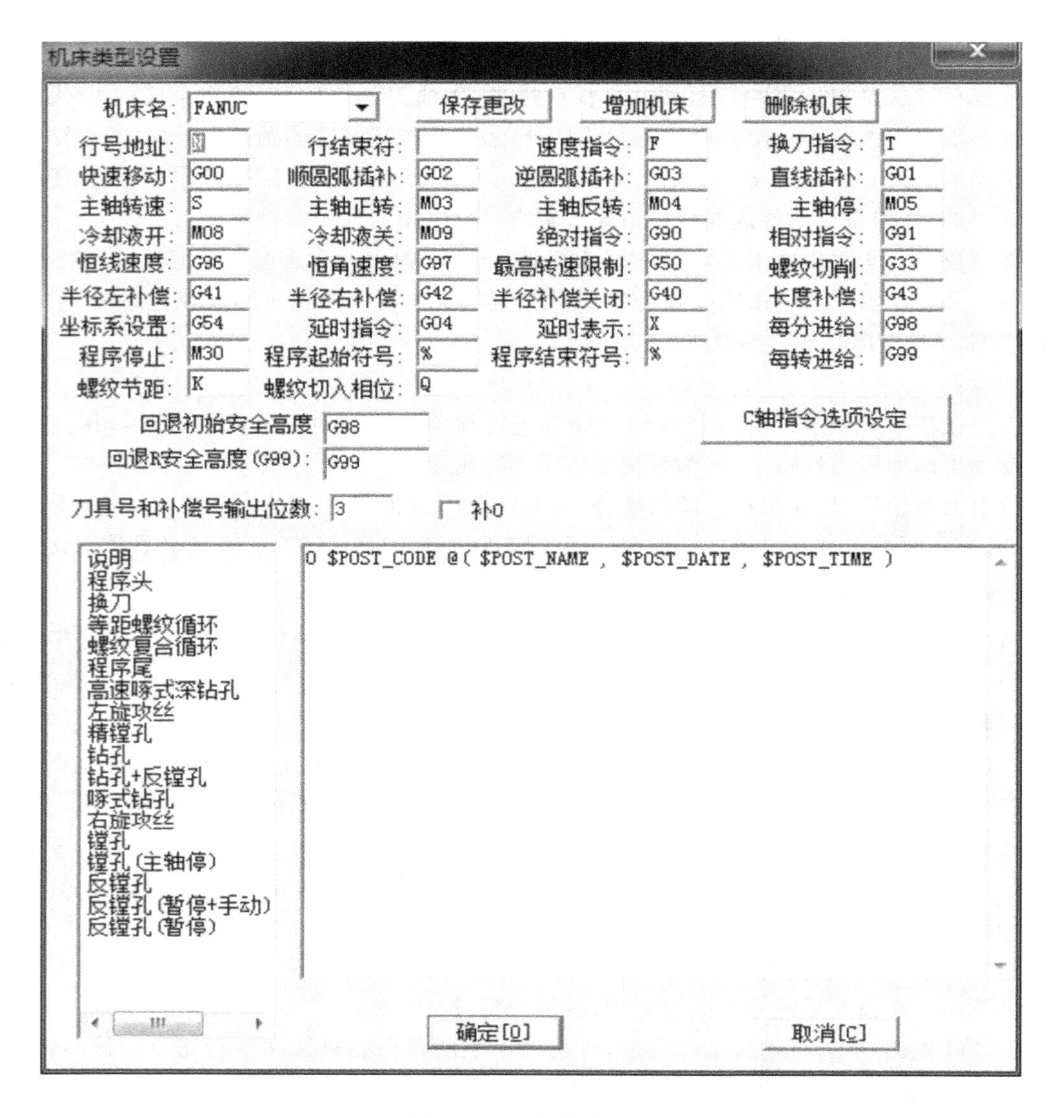

图 6-71　机床参数设置

束符。

(4)设置代码:不同的数控车床,部分 G 代码或者 M 代码的指令有所不同,在机床设置中可以将该代码指令进行修改。例如,冷却液开的指令默认为 M07,而某些机床使用 M08,就需要在此做更改。

(5)程序头/程序尾及注释:针对特定的数控机床来说,其数控程序开头部分都是相对固定的,包括一些机床信息,如机床回零,工件零点设置,开走丝以及冷却液开启等。

6.4.15　后置处理设置

后置处理设置就是针对特定的机床,结合已经设置好的机床配置,对后置输出的数控程序的格式,如程序段行号,程序大小,数据格式,编程方式,圆弧控制方式等进行设置。本功能可以设置缺省机床及 G 代码输出选项。机床名选择已存在的机床名作为缺省机床。

后置参数设置包括程序段行号，程序大小，数据格式，编程方式和圆弧控制方式等。

在“数控车”子菜单区中选取“后置设置”功能项，系统弹出后置处理设置参数表，如图 6-72所示。用户可按自己的需要更改已有机床的后置设置。按“确定”按钮可将用户的更改保存，“取消”则放弃已做的更改。

后置处理设置各选项含义如下：

(1)机床系统：首先，数控程序必须针对特定的数控机床。特定的配置才具有加工的实际意义，所以后置设置必须先调用机床配置。在图 6-72 中，用鼠标拾取机床名一栏，就可以很方便地从配置文件中调出机床的相关配置。图中调用的为 LATH 2 数控系统的相关配置。

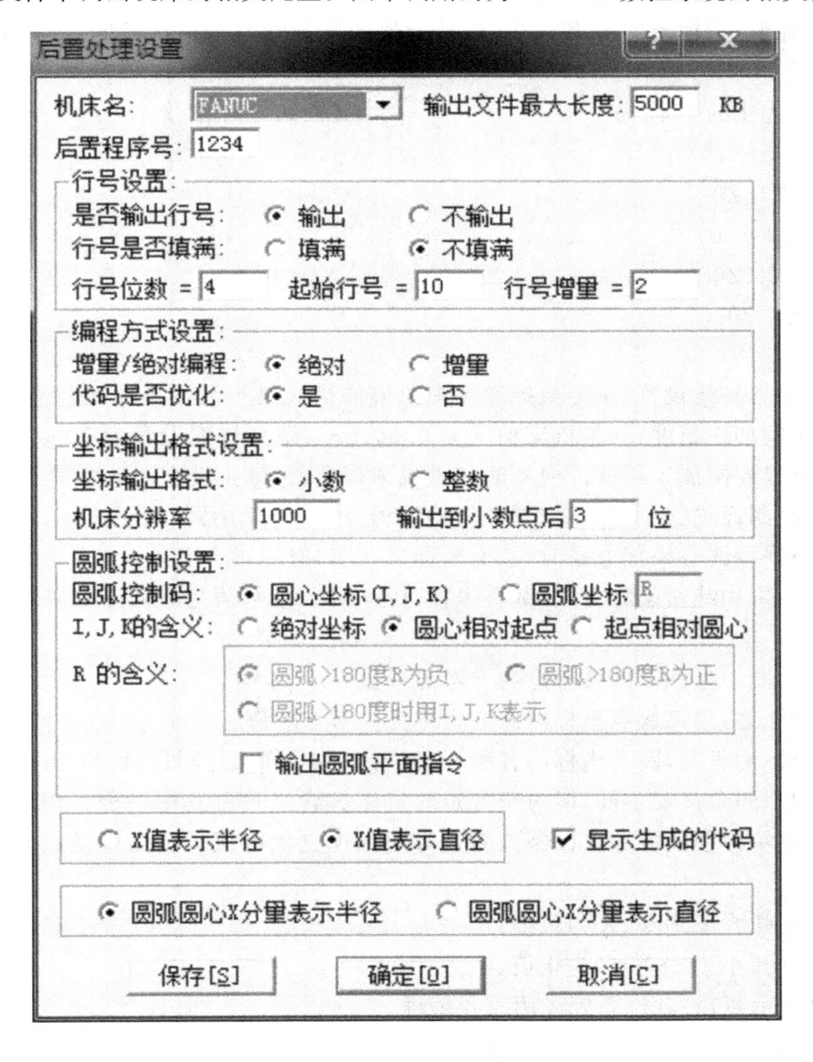

图 6-72　后置处理设置

(2)输出文件最大长度：输出文件长度可以对数控程序的大小进行控制，文件大小控制以 KB(字节)为单位。当输出的代码文件长度大于规定长度时系统自动分割文件。例如：当输出的 G 代码文件 post. ISO 超过规定的长度时，就会自动分割为 post0001. ISO，post0002. ISO，post0003. ISO，post0004. ISO 等。

(3)行号设置:程序段行号设置包括行号的位数,行号是否输出,行号是否填满,起始行号以及行号递增数值等。

是否输止行号:选中行号输出则在数控程序中的每一个程序段前面输出行号。

行号是否填满:是指行号不足规定的行号位数时是否需要填满。行号填满就是不足所要求的行号位数的前面补零,如 N0028;反之亦然,如 N28。行号递增数值就是程序段行号之司的间隔。如 N0020 与 N0025 之间的间隔为 5,建议用户选取比较适中的递增数值,这样有 pj 于程序的管理。

(4)编程方式设置:有绝对编程 G90 和相对编程 G91 两种方式。

“优化坐标值”指输出的 G 代码中,若坐标值的某分量与上一次相同,则此分量在 G 代码户不出现。

没有经过优化的 G 代码	经过坐标优化
X0.0 Y0.0 Z0.0;	X0.0 Y0.0 Z0.0;
X100. Y0.0 Z0.0;	X100.0;
X100. Y100. Z0.0;	Y100.0;
X0.0 Y100. Z0.0;	X0.0;
X0.0 Y0.0 Z0.0;	Y0.0;

(5)坐标输出格式设置:决定数控程序中数值的格式是小数输出还是整数输出;机床分辨率就是机床的加工精度,如果机床精度为 0.001mm,则分辨率设置为 1000,以此类推;输出小的位数可以控制加工精度。但不能超过机床精度,否则是没有实际意义的。

(6)圆弧控制设置:主要设置控制圆弧的编程方式,即采用圆心编程方式还是采用半径编程方式。当采用圆心编程方式时,圆心坐标(I,J,K)有三种含义:

绝对坐标:采用绝对编程方式,圆心坐标(I,J,K)的坐标值为相对于工件零点绝对坐标系的绝对值。

相对起点:圆心坐标以圆弧起点为参考点取值。

起点相对圆心:圆弧起点坐标以圆心坐标为参考点取值。

按圆心坐标编程时,圆心坐标的各种含义是针对不同的数控机床而言。不同机床之间,其圆心坐标编程的含义就不同,但对于特定的机床其含义只有其中一种。当采用半径编程时,采用半径正负区别的方法来控制圆弧是劣圆弧还是优圆弧。圆弧半径尺的含义即表现为以下两种:

优圆弧:圆弧大于 180°,R 为负值。

劣圆弧:圆弧小于 180°,R 为正值。

(7)X 值表示直径:软件系统采用直径编程。

X 值表示半径:软件系统采用半径编程。

(8)显示生成的代码:选中时系统调用 Windows 记事本显示生成的代码,如代码太长,则提示用写字板打开。

(9)扩展文件名控制和后置程序号:后置文件扩展名是控制所生成的数控程序文件名.扩展名。有些机床对数控程序要求有扩展名,有些机床没有这个要求,应视不同的机床而定,后置程序号是记录后置设置的程序号,不同的机床其后置设置不同,所以采用程序也不同。

第 7 章　数控车加工编程实例

7.1　手工编程实例

7.1.1　轴的数控车加工

零件分析：

如图 7-1 所示某轴零件，图纸要求比较简单，车床加工后还要进行磨床的精加工。主要加工两个柱面，中间的一个锥面、两个台阶及端面的 1X45°的倒角。毛坯为ϕ35 的棒料，如图中虚线所示。

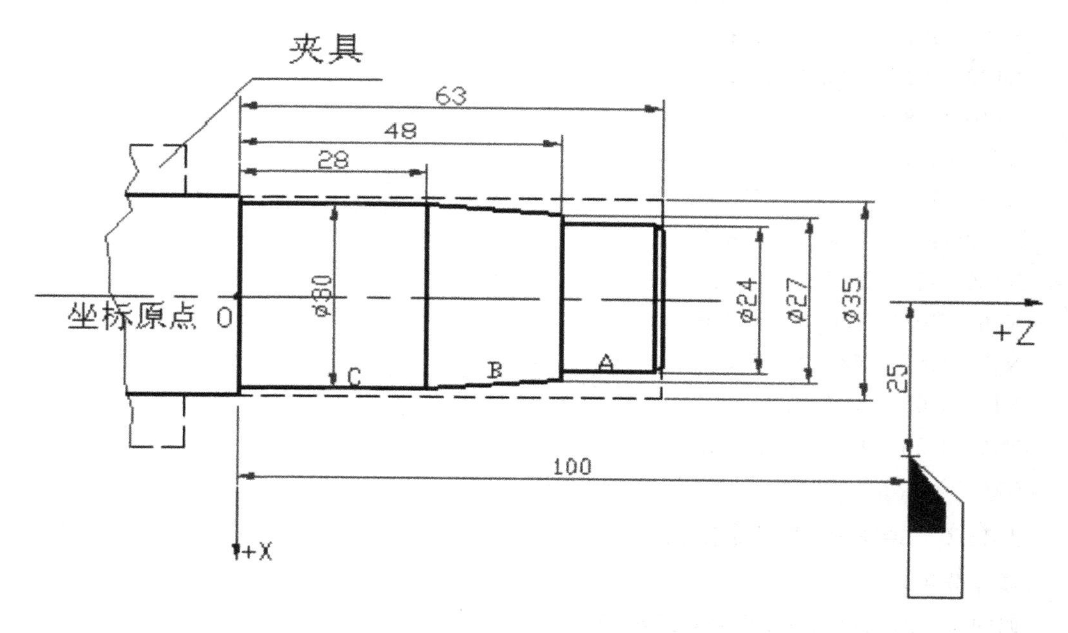

图 7-1　轴

加工坐标原点：

X：轴心线。

Z：靠近机床夹具端的ϕ35-ϕ30 台阶端面。

工艺分析：

此轴由于加工余量比较大，宜采用 2 次加工：粗加工和精加工。加工流程如下：

粗车外圆 A→粗车锥面 B→粗车外圆 C→倒角→精车外圆 A→精车锥面 B→精车外圆

C。粗加工和精加工采用同一把左偏刀，刀号为 T1，刀补号为 1。表 7-1 为简化的加工工序卡。

表 7-1　加工工序卡

加工内容	刀具号	刀补号	刀具名称	主轴转速	进给速度
粗车	T01	1	左偏刀	400(r/min)	0.3(mm/r)
精车	T01			500(r/min)	0.25(mm/r)

编制程序如下：

```
O0001
N10  G50  X50. Z100. T0101;
N20  S400  M3;
N30  G00  X35.0  Z63.0;
N50  G90  X24.0  Z48.0  F0.3;
N60  G01  X27.0  Z48.0;
N70  G01  X30.0  Z28.5;
N80  G00  X30.0  Z28.5;
N90  G01  X30.0  Z0;
N100 G01  X38.0  Z0;
N110 G28;
N120 G01  X21.0  Z63.5;
N130 G01  X24.0  Z62.0;
N140 G01  X24.0  Z48.0;
N150 G01  X27.0;
N160 G01  X30.0  Z28.0;
N170 G01  X30.0  Z0;
N180 G01  X38.0;
N190 G28  X50.0  Z100;
N200 M02;
```

7.1.2　端盖的数控车加工

零件分析：

如图 7-2 所示某端盖，此端盖图纸要求比较简单，主要为两个端面、一个外圆及内孔的加工，在内孔及外端面有 0.5X45°的倒角。毛坯为浇铸件，余量不大，简化后的图形如图中虚线所示。

加工坐标原点：

X：端盖的轴心线。

Z：端盖的ϕ40 内端面。

工艺分析：

加工工艺流程安排如下：

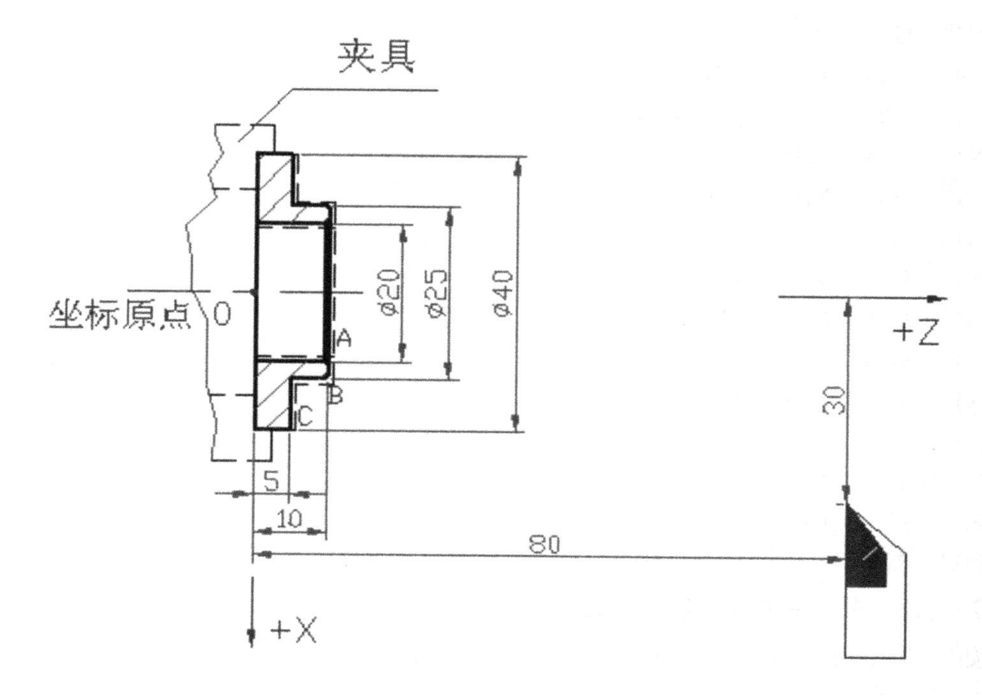

图 7-2 端盖

车 A 端面→车内孔及倒角→车 B 段倒角及外圆→车 C 段端面。根据加工工艺我们选用 3 种车刀进行加工，车端面 A 选用 45°车刀，车刀号为 T1，刀补号为 1，车内孔选用内孔刀，刀号为 T2，刀补号为 2，车外圆及端面选用左偏刀，刀号为 T3，刀补号为 3。表 7-2 为简化的加工工序卡。

表 7-2 加工工序卡

加工内容	刀具号	刀补号	刀具名称	主轴转速	进给速度
车 A 端面	T01	01	45°左偏刀	400(r/min)	0.2(mm/r)
车内孔及倒角	T02	02	内孔刀	500(r/min)	0.15(mm/r)
车 B 段倒角及外圆，C 段端面	T03	03	左偏刀	500(r/min)	0.15(mm/r)

编制程序如下：

```
O0004
N10  G50  X60.0  Z80.0;
N20  G30  U0  W0;
N30  G50  S500  T0101 M08;
N40  G96  S200  M03;
N50  G00  X30.0  Z13.0;
N60  G01  X15. Z10.0  F0.2;
N70  G30  U0  W0;
```

```
N80  G50  S500  T0202;
N90  G00  X22.0  Z10.5;
N100 G01  X20.0  Z9.5  F0.2;
N110 G01  X20.0  Z-0.5;
N120 G00  X10. Z80;
N130 G30  U0  W0;
N140 G50  S500  T0303;
N150 G00  X23.0 Z10.5;
N160 G01  X25.0 Z9.5 F0.2;
N170 G01  X25.0 Z5.0;
N180 G01  X40.0 Z5.0;
N190 G01  X60.0
N200 G30  U0  W0;
N210 M30;
```

7.1.3 螺纹轴的数控车加工

如图 7-3 所示工件。毛坯件为ϕ71 长 130 的铝棒料。

加工坐标原点：

X：轴的轴心线。

Z：轴的左端面。

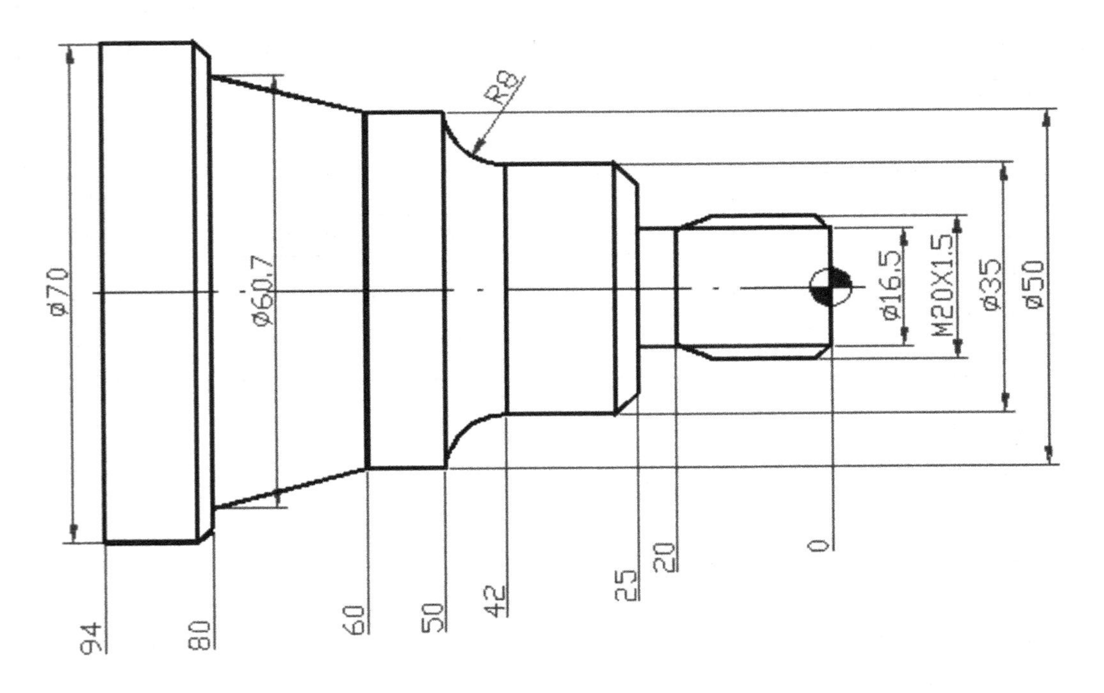

图 7-3　螺纹轴

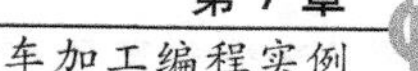

工艺分析：

工件为轴类零件，使用三爪卡盘夹紧工件。加工工艺流程安排如下：

车端面→粗车外圆→精车外圆→车螺纹→切断。其中的粗车或精车使用循环方式编程，加工顺序为车第一倒角→车螺纹外径→车退刀槽→车台阶面→车φ35 外圆→车过渡圆弧→车φ50 外圆→车锥面→车台阶面→车第三倒角→车φ70 外圆。表 7-3 为简化的加工工序卡。

表 7-3　加工工序卡

加工内容	刀具号	刀补号	刀具名称	主轴转速	进给速度
车端面	T04	04	45°偏刀	300(r/min)	0.25(mm/r)
粗车各外圆	T01	01	90°偏刀	150(r/min)	0.3(mm/r)
精车各外圆	T02	02	90°偏刀	200(r/min)	0.3(mm/r)
加工螺纹	T03	03	螺纹车刀	600(r/min)	
切断	T05	05	切断刀	600(r/min)	0.1(mm/r)

编制程序如下：

```
N10  G50X150Z60;
N20  M03S300T0404;
N30  G00X74Z0M08;
N40  G01X-1F0.25;
N50  G00X80Z5;
N60  X150Z60;
N70  M01;
N80  T0100M03;
N90  G96S150;
N100 G00X74Z5;
N110 G71U2R1;
N120 G71P130Q280U0.5W.1F0.3;
N130 G42G00X15Z0.5;
N140 G01X20Z-2F0.15;
N150 Z-15.2;
N160 X18Z-20;
N170 Z-25;
N180 X29;
N190 X35Z-28;
N200 Z-42;
N210 G02X50Z-50R8;
N220 G01Z-60;
N230 X60.7Z-80;
N240 X66;
```

```
N250 X70Z-82;
N260 Z-94;
N270 X74;
N280 G40;
N290 G00X150Z60;
N300 M01;
N310 T0202M03;
N320 G96S200;
N330 G70P130Q280;
N340 G00X150Z60;
N350 M01;
N360 G97T0303M03S600;
N370 G00X20Z5;
N380 G92X19.2Z-0.5F1.5;
N390 X18.6;
N400 X18.2;
N410 X18.052;
N420 G00X150Z60;
N430 M01;
N440 T0505M03S600;
N450 G00X74Z-94M08;
N460 G01XOF0.1;
N470 G00X150Z60M09;
N480 M30;
```

7.2 CAXA数控车编程实例

零件分析：

如图7-4所示某轴，作车床试件。该试件具有一定典型性，要进行外圆车削，端面，切槽，切削螺纹等加工，其毛坯为120的棒料。

坐标原点：

X：轴的中心线

Z：右端面

工艺分析：

对于该工件，首先进行端面的车削，选用左偏刀进行车削加工，刀具号为1，刀具补正号为1。

接着进该工件的外圆粗加工，分几刀进行加工，每次进刀量设为2，选用与端面车削加工同一把左偏刀进行加工。

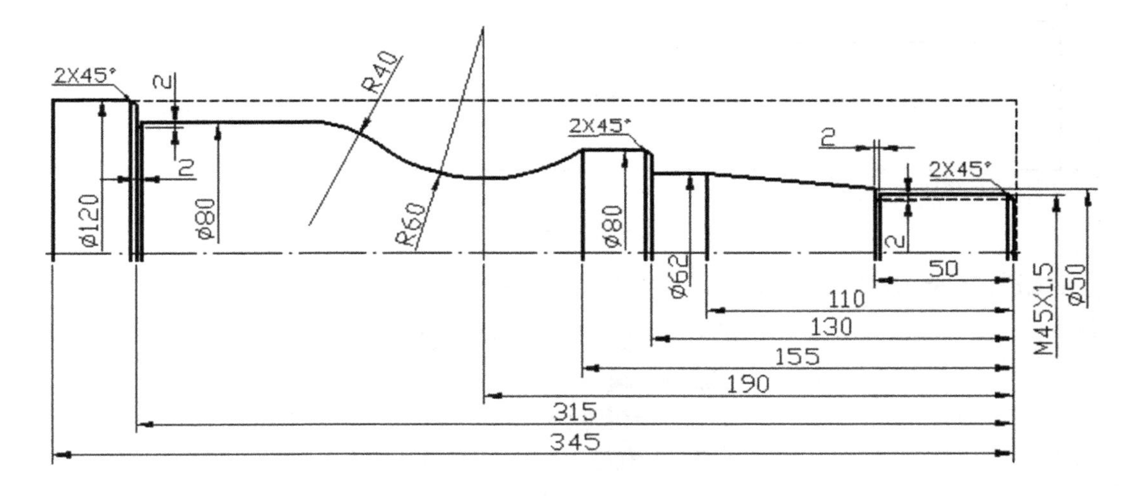

图 7-4　车床试件图形

工件在外圆粗加工时预留了 1MM 的加工余量，做外圆精加工时分两刀加工，选用与外圆粗加工同一把左偏刀进行加工。

切槽加工使用 2MM 的切槽刀进行加工，切槽刀刀具号为 2，补偿号为 2。

螺纹车削选用公制螺纹车刀，刀具号为 3，刀具补偿号为 3。

代码生成时按工艺顺序将车端面，粗车外圆，精车外圆，切槽，车螺纹一起作后置处理。

该工件的加工工序如表 7-4 所示。

表 7-4　数控加工工序卡

工步	工步内容	刀具号	刀具名	主轴转速	进给	备注
1	车端面	T01	90°左偏刀	800	0.3	
2	粗车外圆	T01		800	0.3	
3	精车外圆	T01		800	0.5	
4	切退刀槽	T02	2mm 切槽刀	800	0.5	
5	加工螺纹	T03	60°螺纹车刀	300	1.5	

7.2.1　端面加工

打开 CAXA 数控车 2013，并读入文件 C1.exb，如图 7-5 所示。确认其坐标原点位于右端面中心，使用快速裁剪功能修剪多余的线段，如倒角的轮廓线、螺纹虚线等，只剩下这一根轴的外轮廓线。再用直线命令做毛坯的辅助线，完成的图形如图 7-6 所示。

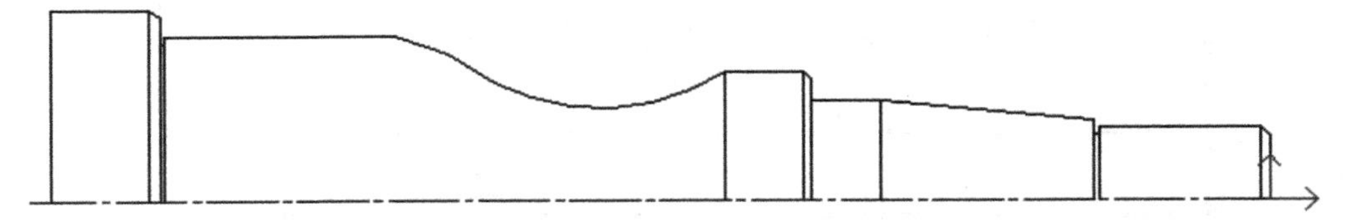

图 7-5　打开的文件

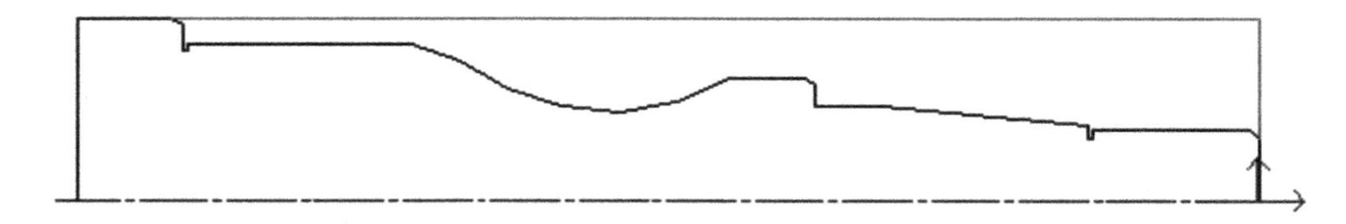

图 7-6　零件图形

点击主菜单:数控车→轮廓精车…如图 7-7 所示。

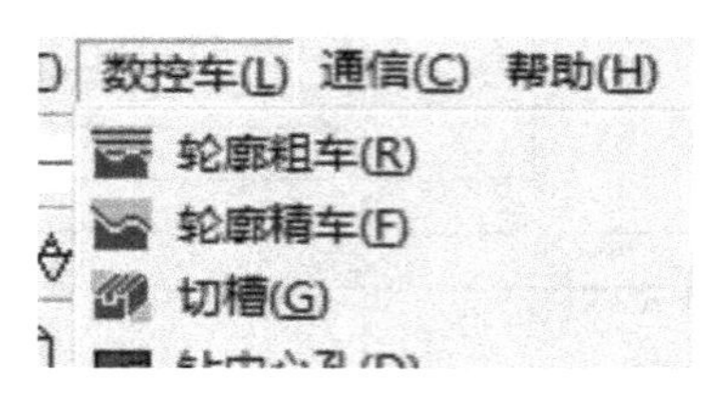

图 7-7　点击数控车菜单

系统将弹出精车参数表对话框:

单击"加工参数"标签,确定"加工表面类型"为端面,如图 7-8 所示,输入加工参数如下:

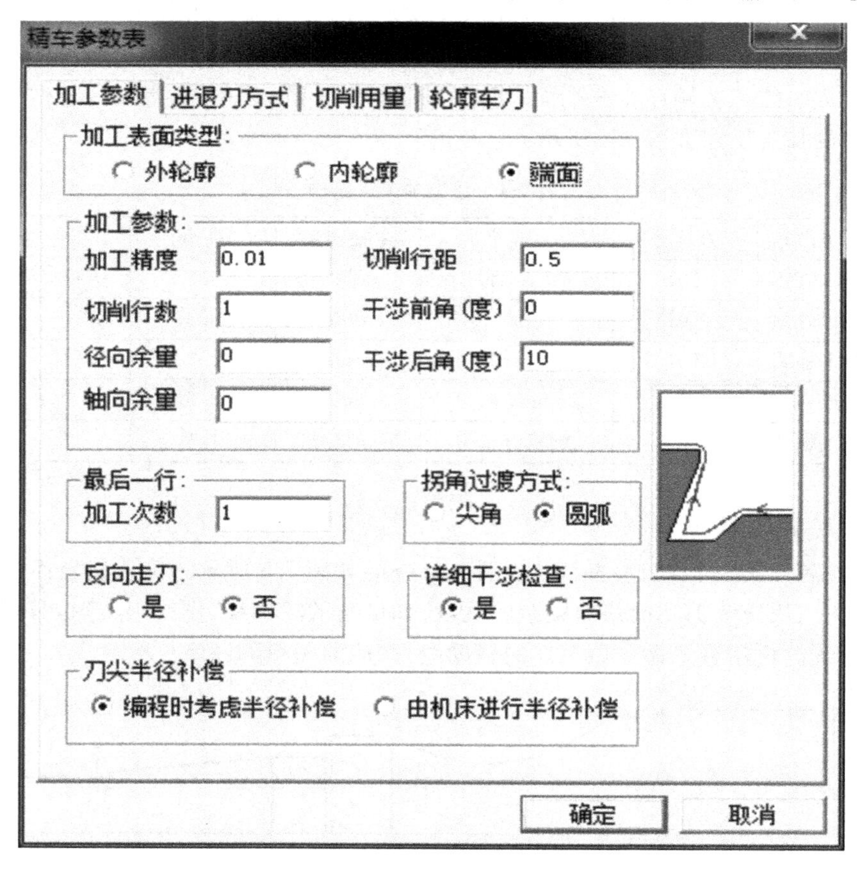

图 7-8　设置加工参数

加工精度:0.01

加工余量:0

切削行数:1

切削行距:0.5

干涉前角:0

干涉后角:10

拐角过渡方式:圆弧

反向走刀:否

详细干涉检查:是

最后一行加工次数:1

刀尖半径补偿:编程时考虑半径补偿

单击“进退刀方式”标签,选择进退刀方式,如图 7-9 所示,输入进退刀参数。

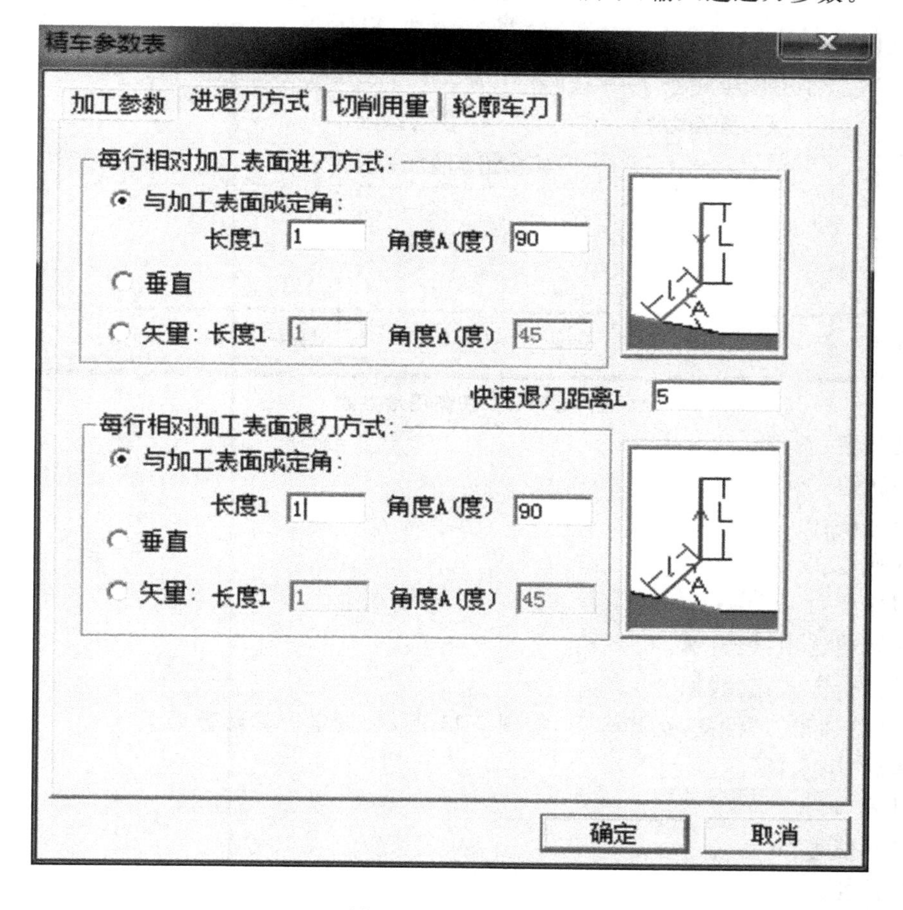

图 7-9　进退刀参数

每行相对加工表面进刀方式:与加工表面成定角,长度 L=1,角度 A=90

每行相对加工表面退刀方式:与加工表面成定角,长度 L=1,角度 A=90

单击“切削用量”标签,选择切削用量,如图 7-10 所示,切削用量参数如下:

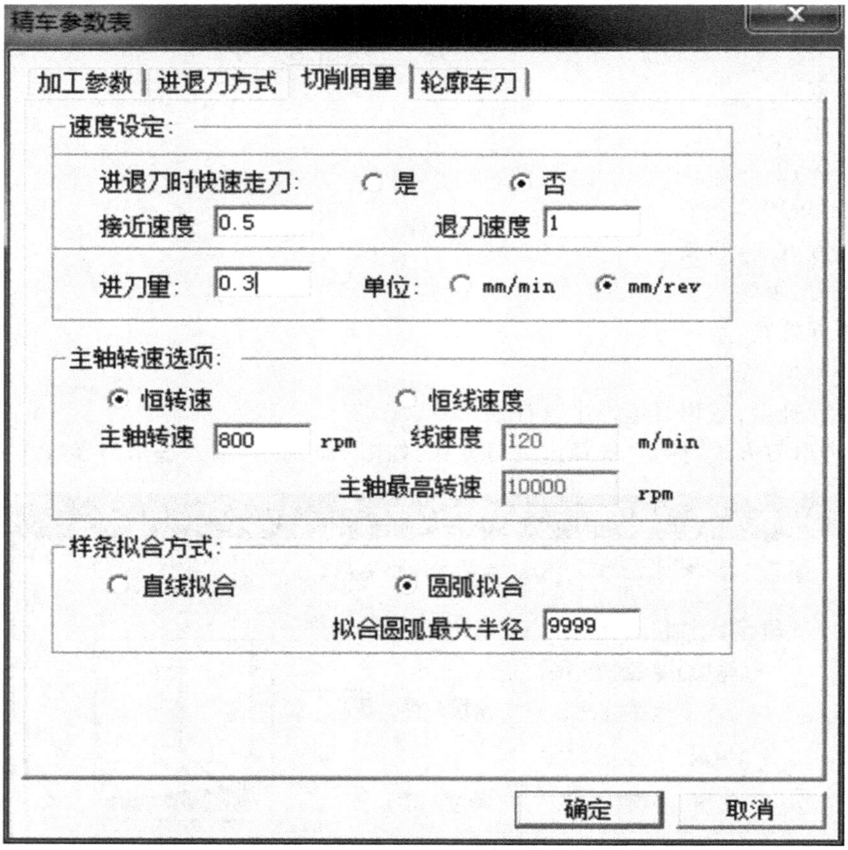

图 7-10　切削用量参数

速度设定：

主轴转速：800

接近速度：0.5

切削速度：0.3

退刀速度：1

主轴转速选项：恒转速。

样条拟合方式：直线拟合

单击“轮廓车刀”标签，选择车刀，如图 7-11 所示，设定刀具参数如下：

刀具名：lt0

刀具号：1

刀具补偿号：1

刀柄长度：40

刀角长度：10

刀尖半径：1

刀具前角：80

刀具后角：30

轮廓车刀类型：外轮廓车刀

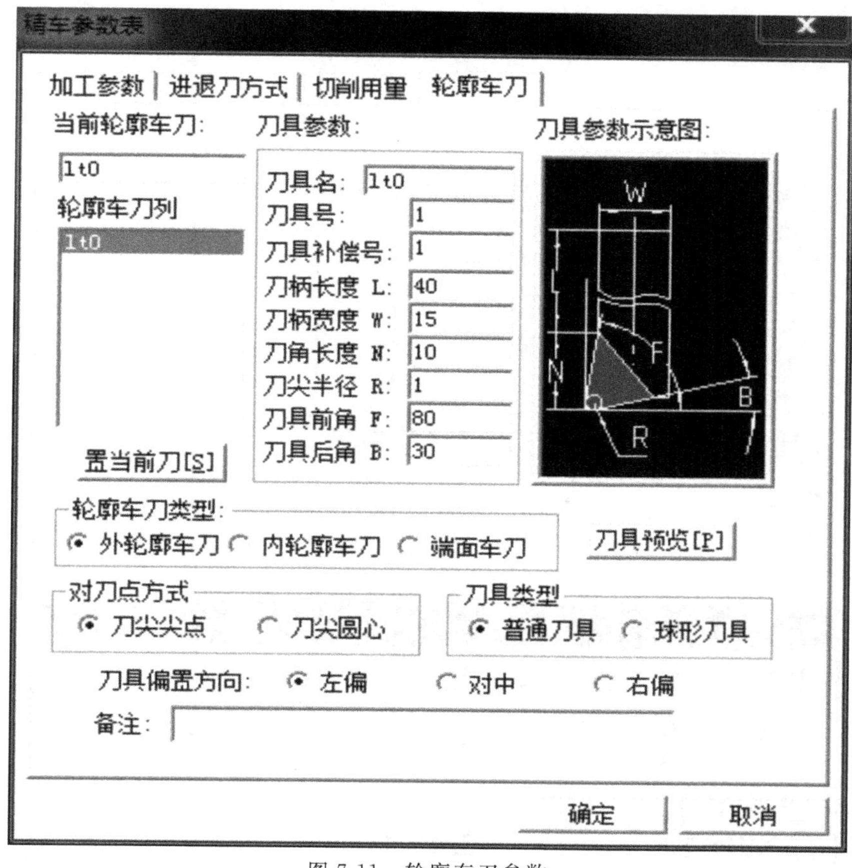

图 7-11　轮廓车刀参数

刀具偏置方向:左偏

单击修改刀具,再单击置当前刀,然后单击“确定”按钮。

系统提示拾取加工表面轮廓,选择所绘制的毛坯端面的直线,指定任意一个方向,单击右键完成选择。输入进退刀点,为“200,120”,系统开始计算生成刀具轨迹,如图 7-12 所示。

7.2.2 外圆粗车

接续前例,确认其坐标原点位于右端面中心。

点击主菜单:数控车→轮廓粗车…。

系统将弹出粗车参数表对话框:

单击“加工参数”标签,如图 7-13 所示,确定“加工表面类型”为外轮廓,输入加工参数如下:

加工精度:0.01

加工余量:1

加工角度:180

切削行距:2

干涉前角:0

干涉后角:30

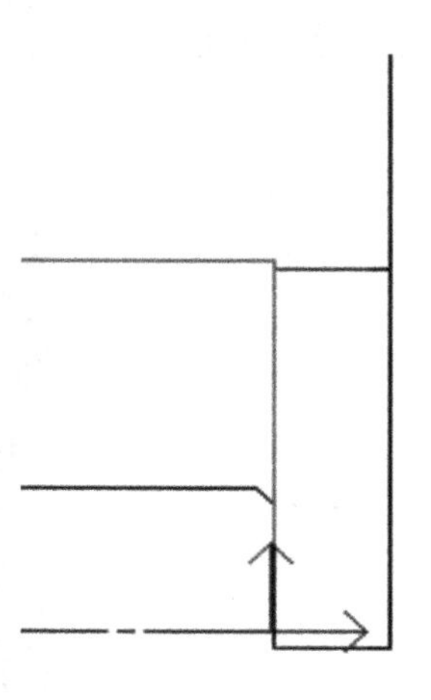

图 7-12　端面车削刀具轨迹

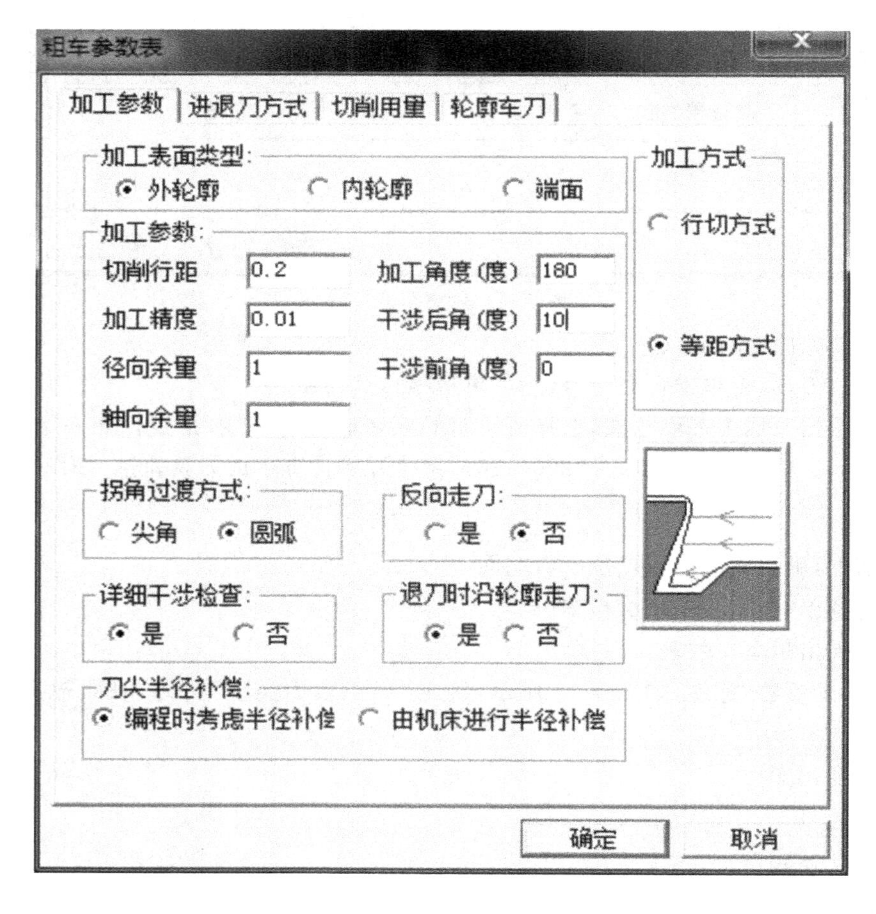

图 7-13　加工参数

拐角过渡方式:圆弧

反向走刀:否

详细干涉检查:是

退刀时沿轮廓走刀:是

刀尖半径补偿:编程时考虑半径补偿。

单击“进退刀方式”标签,选择进退刀方式。如图 7-14 所示,输入进退刀参数:

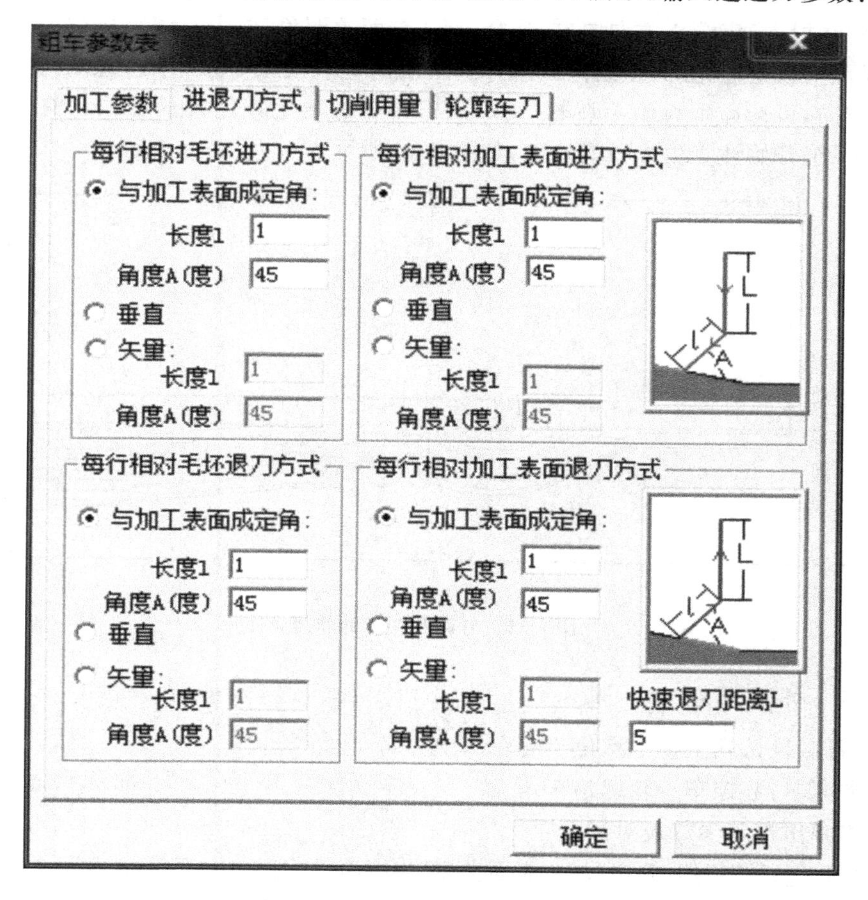

图 7-14　进退刀参数

每行相对毛坯进刀方式:与加工表面成定角,长度 L=1,角度 A=45

每行相对毛坯退刀方式:与加工表面成定角,长度 L=1,角度 A=45

每行相对加工表面进刀方式:与加工表面成定角,长度 L=1,角度 A=45

每行相对加工表面退刀方式:与加工表面成定角,长度 L=1,角度 A=45

单击“切削用量”标签,设定切削用量参数如下:

速度设定:主轴转速为 800r/min,接近速度为 0.5mm/rev,切削速度为 0.3mm/rev;退刀速度为 5mm/rev。

主轴转速选项:恒转速

样条拟合方式:直线拟合

单击“轮廓车刀”标签，选择车刀，设定刀具参数如下：

刀具名：lt0

刀具号：1

刀具补偿号：1

单击置当前刀，然后单击“确定”按钮。

系统提示拾取加工表面轮廓，按空格键，弹出选择工具选项，选择“限制链拾取”，选择右端面的倒角线段，指定箭头方向向左，选择ϕ120 端面的倒角，单击右键完成被加工轮廓的拾取；系统提示拾取毛坯轮廓，在绘图区选择所绘制的毛坯线段中水平线，选择向右的箭头方向为串联方向，再选择垂直的毛坯轮廓线，点击中键退出毛坯轮廓的拾取。输入进退刀点“10，120”，系统开始计算生成刀具轨迹，如图 7-15 所示。

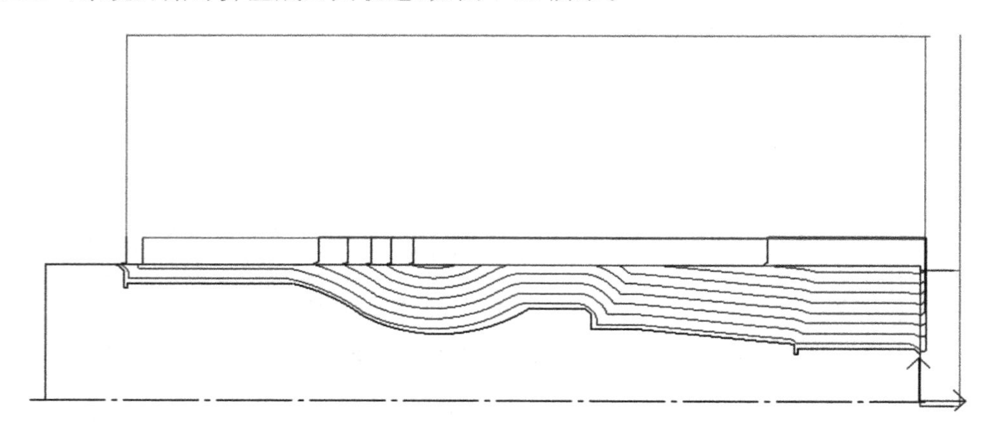

图 7-15　外圆粗车刀具轨迹

7.2.3　外圆精车

接续前例，确认其坐标原点位于右端面中心。

点击主菜单：数控车→轮廓精车…

系统将弹出精车参数表对话框：

单击“加工参数”标签，确定“加工表面类型”为端面，如图 7-16 所示，输入加工参数如下：

加工精度：0.01

加工余量：0

切削行数：2

切削行距：0.5

干涉前角：0

干涉后角：30

拐角过渡方式：圆弧

反向走刀：否

详细干涉检查：是

最后一行加工次数：1

刀尖半径补偿：编程时考虑半径补偿

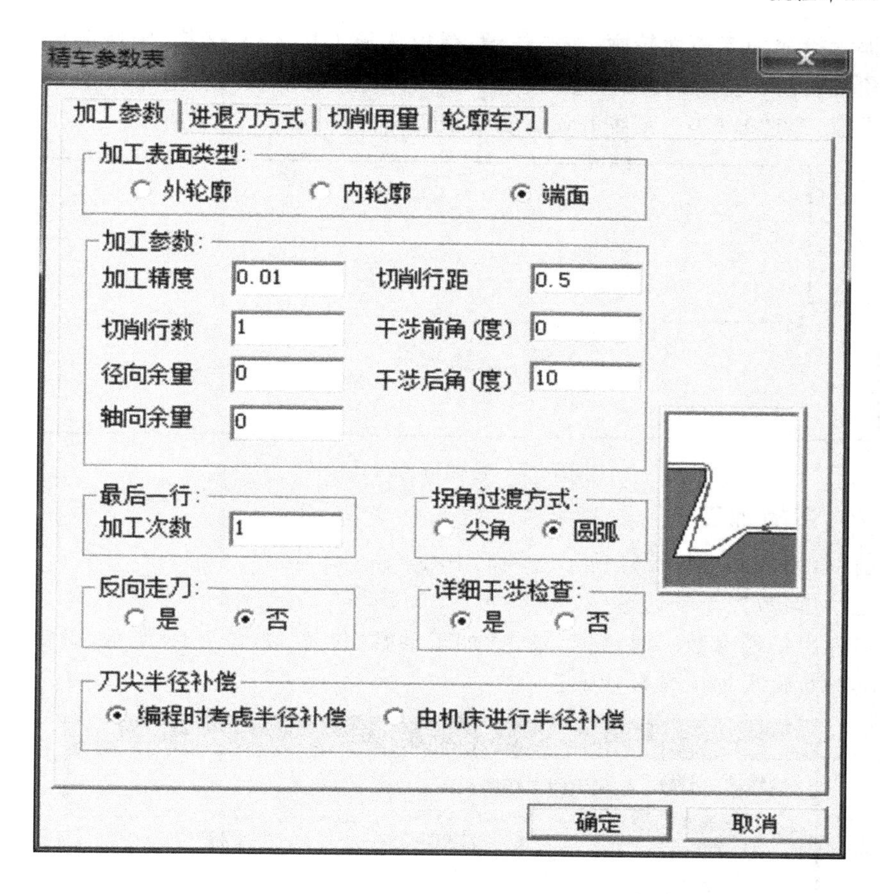

图 7-16　加工参数

单击“进退刀方式”标签,输入进退刀参数:

每行相对加工表面进刀方式:与加工表面成定角,长度 L=1,角度 A=45

每行相对加工表面退刀方式:与加工表面成定角,长度 L=1,角度 A=45

单击“切削用量”标签,指定切削用量参数如下:

速度设定:

主轴转速:800

接近速度:1

切削速度:0.5

退刀速度:5

主轴转速选项:恒转速

样条拟合方式:圆弧拟合

单击“轮廓车刀”标签,选择车刀,设定刀具参数如下:

刀具名:lt0

刀具号:1

刀具补偿号:1

单击置当前刀,然后单击“确定”按钮。

系统提示拾取加工表面轮廓，按空格键，弹出选择工具选项，选择“限制链拾取”，选择右端面的倒角线段，指定箭头方向向左，选择$\phi120$的倒角线段，单击右键完成被加工轮廓的拾取。输入进退刀点“0，120”，系统开始计算生成刀具轨迹，如图7-17所示。

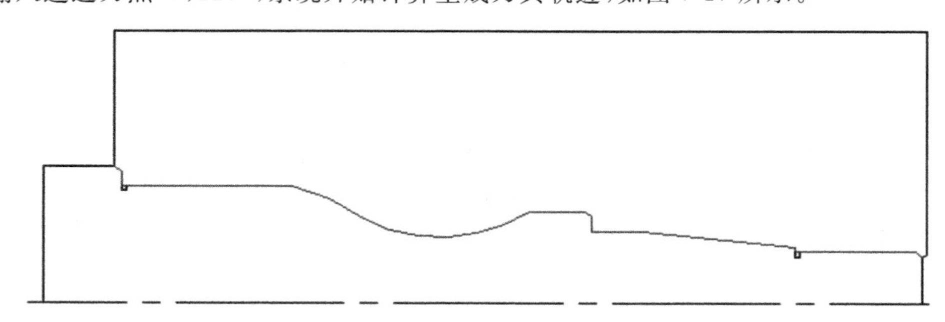

图7-17　轮廓精车刀具轨迹

7.2.4　切槽加工

接续前例，确认其坐标原点位于右端面中心。

点击主菜单：数控车→切槽…

系统将弹出切槽参数表对话框，单击“加工参数”标签，如图7-18所示，确定“切槽表面类型”为外轮廓，输入加工参数如下：

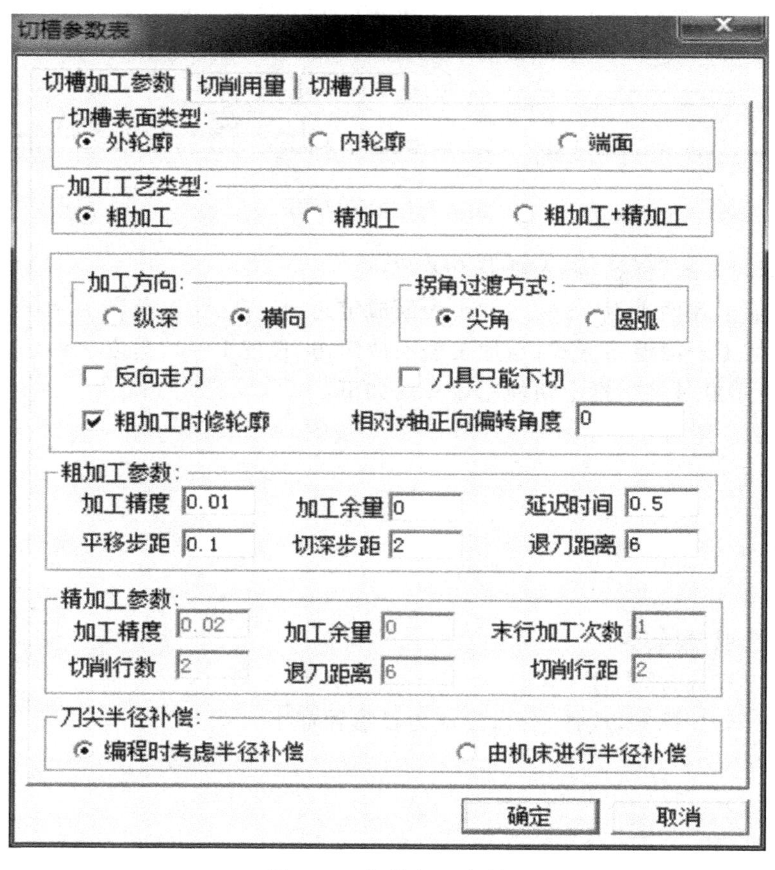

图7-18　切槽加工参数

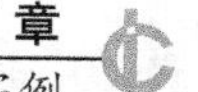

加工工艺类型为粗加工；粗加工参数设置如下：
加工精度：0.01
加工余量：0
平移步距：0.1
切深步距：2
延迟时间：0.5
退刀距离：5
刀尖半径补偿：编程时考虑半径补偿
单击“切削用量”标签，切削用量参数如下：
速度设定：
主轴转速为 800
接近速度：1
切削速度：0.5
退刀速度：5
转速选项：恒转速
样条拟合方式：直线拟合
单击“切槽车刀”标签，选择车刀，如图 7-19 所示，设定刀具参数如下：

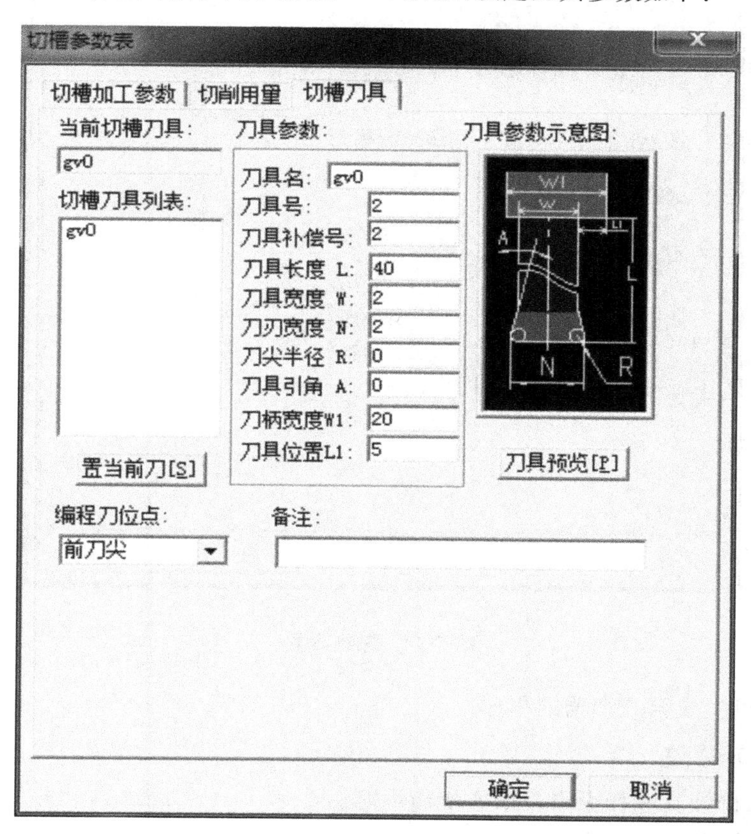

图 7-19　切槽刀具

刀具名:GV0

刀具号:2

刀具补偿号:2

刀柄长度:10

刀柄宽度:2

刀刃宽度:2

刀尖半径:0

刀具引角:0

单击修改刀具,再单击置当前刀,然后单击"确定"按钮。

系统提示拾取加工表面轮廓,按空格键,弹出选择工具选项,选择"限制链拾取",选择槽的右边线,指定箭头方向向下,选择槽底部的线段,单右键完成被加工轮廓的拾取。输入进退刀点"0,120",系统开始计算生成刀具轨迹,生成的刀具轨迹如图 7-20 所示。

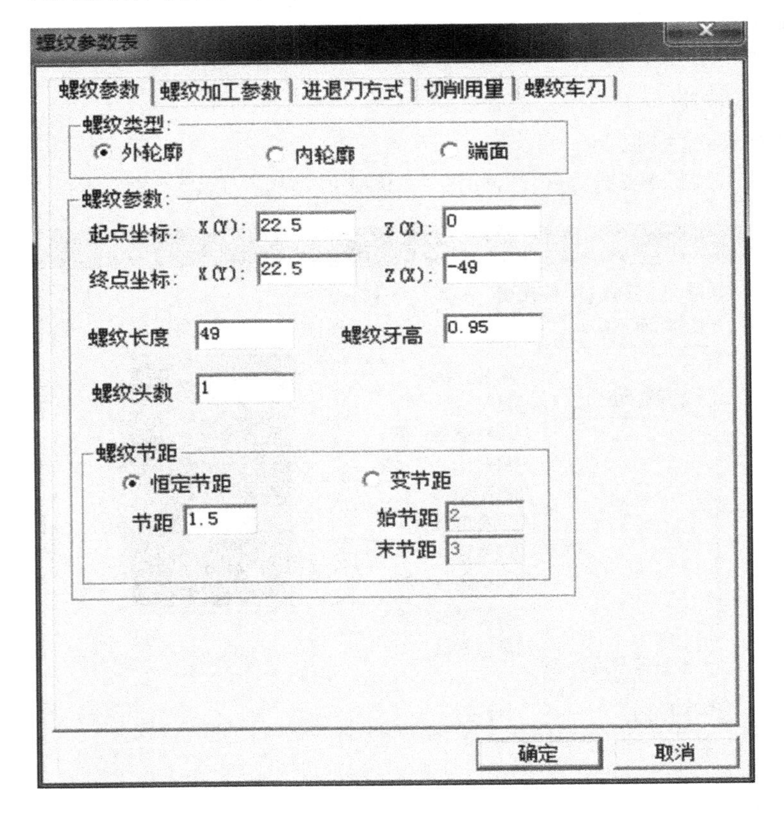

图 7-20　螺纹参数

同样方法可生成第二个槽的程序。

7.2.5　车螺纹

接续前例,确认其坐标原点位于右端面中心。

点击主菜单:数控车→车螺纹…

系统提示"拾取螺纹起始点",点击右端面的角落点。

系统提示“拾取螺纹终止点”，点击螺纹段曲线的左角落点。

系统将弹出螺纹参数表对话框：

单击“加工参数”标签，如图 7-21 所示，确定“螺纹类型”为外轮廓，输入加工参数如下：

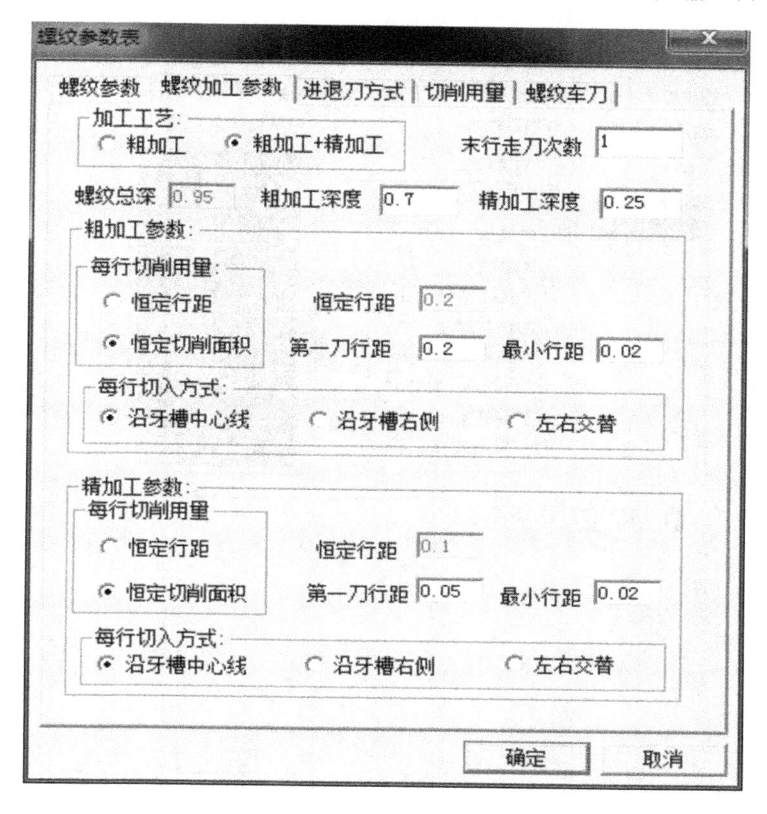

图 7-21　螺纹加工参数

螺纹参数的起点坐标为 X22.5，Z0

终点坐标：X22.5，Z-49

螺纹长度：49

螺纹牙高：0.95

螺纹头数：1

螺纹节距为恒定节距，节距为 1.5

单击“螺纹加工参数”标签，如图 7-22 所示，设定加工参数：

加工工艺：粗加工＋精加工

末行走刀次数：1

粗加工深度：0.7

精加工深度：0.25

输入粗加工参数，恒定切削面积，第一刀行距：0.2

最小行距：0.02

每行切入方式为沿牙槽中心线

输入精加工参数，恒定切削面积，第一刀行距：0.05
最小行距：0.02
每行切入方式为沿牙槽中心线

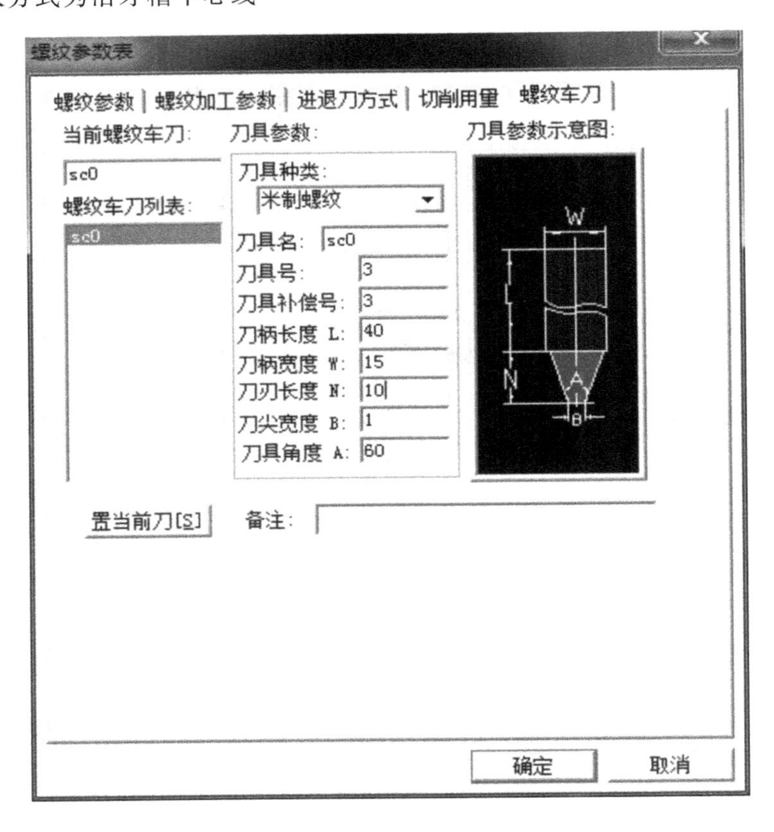

图 7-22　螺纹车刀参数

单击“进退刀方式”标签，选择进退刀方式，输入进退刀参数：
粗加工进刀方式：垂直
粗加工退刀方式：垂直
快速退刀距离：5
精加工进刀方式：垂直
精加工退刀方式：垂直
单击“切削用量”标签，设定切削用量参数如下：
速度设定
主轴转速：300
接近速度为 0.5
切削速度为 1.5
退刀速度为 5
单击“螺纹车刀”标签，选择车刀，如图 7-23 所示，设定刀具参数如下：
刀具种类：米制螺纹

刀具名:SC0

刀具号:3

刀具补偿号:3

单击“确定”按钮。

按系统提示输入进退刀点“0,100”,系统开始计算生成刀具轨迹,如图 7-23 所示。

图 7-23　螺纹车削刀具路径

7.2.6　代码生成

点击主菜单:数控车→代码生成…

系统将弹出“选择后置文件”,确定文件路径并输入文件名,文件名为 CATHE1. ISO,点击打开。系统提示拾取加工轨迹,在屏幕上按顺序选择端面切削轨迹,粗车轨迹,精车轨迹,切槽轨迹和车螺纹轨迹,点击右键完成拾取。系统即生成 NC 程序,如下所示代码为 NC 文件节选。

```
%
(CATHE1. ISO,03/10/03,22:39:44)
N10 G90G54G00Y0.000T11
N12 S800M03
N14 X120.000Z10.000
N16 X60.000
N18 Z6.000
N20 G50 S1000
N22 G97 S800
N24 G01 Z1.000 F1
N26 Z0.000
N28 X-0.500 F2
N30 Z1.000 F5
N32 Z6.000
N34 G00 Z10.000
……
1
```

参考文献

[1] 郝继红.数控车削加工技术.北京:北京航空航天大学出版社,2008
[2] 人力资格和社会保障部教材办公室.数控车床加工技术,北京:中国劳动社会保障出版社,2010
[3] 吴长有,张桦.数控车床加工技术(华中系统).北京:机械工业出版社,2010
[4] 姜慧芳.数控车削加工技术.北京:北京理工大学出版社,2006
[5] 李红波,夏东亮,马永军.数控车床加工技术(FANUC 系统).北京:机械工业出版社,2012
[6] 娄海滨.数控车床加工技术实训.北京:人民邮电出版社,2010
[7] 石远航,赵佳.数控车削加工技术项目教程.北京:科学出版社,2014
[8] 张健.零件数控车床加工.武汉:华中科技大学出版社,2012